U0643115

电力安全典型工作票范例

配电带电作业专业

国网江苏省电力有限公司　组编

中国电力出版社
CHINA ELECTRIC POWER PRESS

图书在版编目（CIP）数据

电力安全典型工作票范例. 配电带电作业专业 / 国
网江苏省电力有限公司组编. -- 北京：中国电力出版社，
2025. 7. -- ISBN 978-7-5239-0073-4

Ⅰ. TM08

中国国家版本馆 CIP 数据核字第 20258SK426 号

出版发行：中国电力出版社
地　　址：北京市东城区北京站西街 19 号（邮政编码 100005）
网　　址：http://www.cepp.sgcc.com.cn
责任编辑：薛　红
责任校对：黄　蓓　郝军燕
装帧设计：赵丽媛
责任印制：石　雷

印　　刷：三河市万龙印装有限公司
版　　次：2025 年 7 月第一版
印　　次：2025 年 7 月北京第一次印刷
开　　本：880 毫米×1230 毫米　16 开本
印　　张：14.25
字　　数：437 千字
定　　价：86.00 元

编 委 会

前 言

工作票制度是确保在电气设备上工作安全的组织措施之一，正确填用工作票是贯彻执行工作票制度的基本条件。为满足服务基层一线工作票填用需求，加强作业现场安全管理，提升《国家电网有限公司电力安全工作规程》执行针对性，确保作业现场安全，实现"三杜绝、三防范"安全目标，国网江苏省电力有限公司组织编制了《电力安全典型工作票范例》（简称《范例》），《范例》共分 5 个分册，分别为输电专业、变电专业、配电专业、配电带电作业专业、营销专业。

本册为配电带电作业专业，编写严格遵循《国家电网有限公司电力安全工作规程》要求，内容包括配网发电作业项目、简单绝缘杆作业法项目、简单绝缘手套作业法项目、复杂绝缘杆作业法和复杂绝缘手套作业法项目、综合不停电作业项目五个部分，共计 37 个具有广泛性和代表性的典型作业场景，其他相关工作可参考借鉴。典型工作票中所列的安全措施为"保证安全的技术措施"的基本要求，各单位在执行过程中可根据实际情况，在典型工作票的基础上对安全措施进行补充完善。

配电带电作业专业每个场景的典型工作票分为"作业场景情况"和"工作票样例"两个部分。"作业场景情况"部分主要用于说明工作场景、工作任务、停电范围、票种选择、人员分工及安排、场景接线图等内容，通过具体化的场景，指导工作票填写。"工作票样例"部分包含具体化场景下的工作票样票和针对票面每一栏的填用说明及注意事项。

本书在编制过程中得到国网江苏省电力有限公司各相关单位的大力支持和各级领导的悉心指导，凝聚了各位参与编著人员的心血，希望本书对读者有所帮助，给予借鉴和启示。

因本书涉及内容广，加之编写时间有限，难免存在不妥或疏漏之处，恳请各位读者批评指正，以便进一步完善。

编 者

2024 年 11 月

目 录

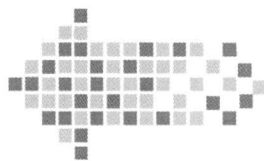

第1章 配网发电作业项目

1.1 架空线路（中压）发电作业

一、作业场景情况

（一）工作场景

10kV 三勤 117 线塘坊 5060 开关前段更换导线检修，后段无联络无法转供负载，现场具备发电车二次并网条件，通过中压发电车进行供电（带电作业接入），可全程不停电。

（二）工作任务

电缆接入：10kV 三勤 117 线何家支线 9 号杆大小号侧带电搭接发电柔性电缆。

发电转供：中压发电车并网，转供负载。

发电退出：中压发电车卸载，退出电网。

电缆退出：10kV 三勤 117 线何家支线 9 号杆大小号侧带电拆除发电柔性电缆。

（三）票种选择

配电带电作业工作票+配网发电作业值守任务单。

（四）人员分工及安排

本次工作有 2 个作业地点，4 道作业工序，需按序开展，依次为：①带电作业接入电缆；②发电车并网；③发电车撤网；④带电作业拆除电缆。参与本次工作的共 5 人（含工作负责人），具体分工为：

甲××（工作负责人）：负责工作的整体协调组织及作业现场安全监护。

作业点 1：10kV 三勤 117 线何家支线 9 号杆大小号侧。

乙××（专责监护人）：负责对丙××、丁××、戊××进行监护。

丙××、丁××、戊××（工作班成员）：带电作业接入/拆除发电柔性电缆。

作业点 2：中压发电车。

甲××（值守负责人）：负责对戊××进行发电车操作监护。

戊××（发电车操作人员）：负责发电车辆发电操作以及发电过程中值守。

（五）场景接线图

架空线路（中压）发电作业场景接线图见图 1-1。

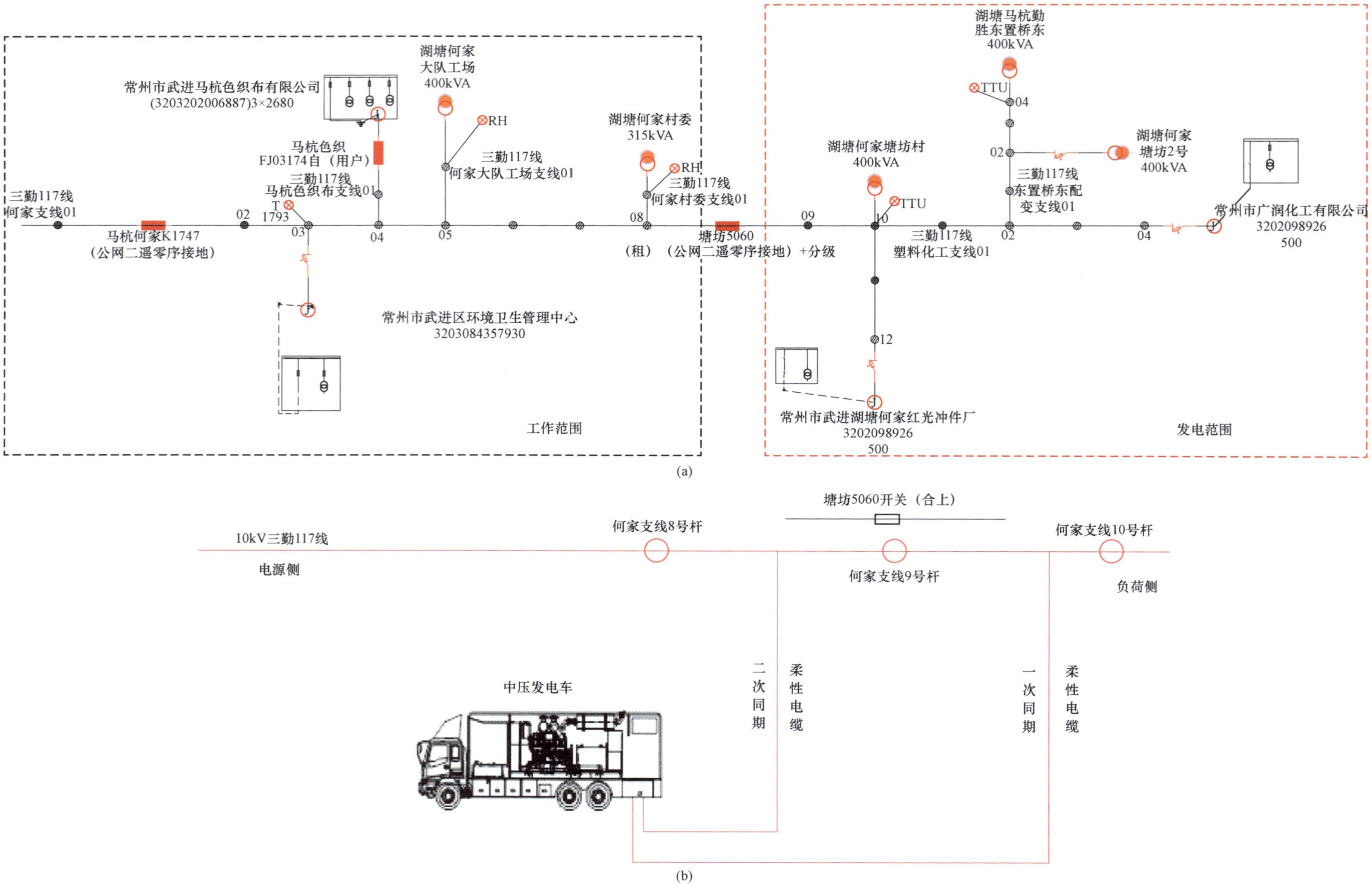

图1—1　架空线路（中压）发电作业场景接线图
(a) 场景示意图；(b) 接线图

二、工作票样例

配电带电作业工作票

单　位：××公司　　　　　　编　　号：配 D2024×××001

1. 工作负责人：甲××　　　　**班　组：**不停电作业一班

2. 工作班成员（不包括工作负责人）

乙××、丙××、丁××、戊××

共 4 人

3. 工作任务

线路名称或设备双重名称	工作地点	工作内容及人员分工	监护人
10kV 三勤 117 线	10kV 中压发电车	中压发电车电缆展放及发电车侧电缆接入。 柔性电缆接入发电车：丙××。 地面电工：戊××	甲××
10kV 三勤 117 线	10kV 三勤 117 线何家支线 9 号杆	带电接空载电缆线路与架空线路连接引线：带电搭接柔性电缆与 10kV 三勤 117 线何家支线 9 号杆大小号侧导线。 斗内电工：丙××、丁××。 地面电工：戊××	乙××

4. 计划工作时间

自 2024 年 03 月 16 日 07 时 00 分至 2024 年 03 月 16 日 17 时 00 分。

5. 安全措施

5.1　调控或运维人员应采取的安全措施：

【票种选择】

本次作业为配网发电作业电缆接入工作，使用配电带电作业工作票。

1.【班组】

对于包含工作负责人在内有两个及以上的班组人员共同进行的工作，应填写"综合班组"。

2.【工作班人员】

人员应取得准入资质，安排的人员应进行承载力分析，确保人数适当、充足；如有特种作业应安排具备相应资质的特种作业人员。不同单位需分行填写。

3.【工作任务】

【线路名称或设备双重名称】填写工作线路电压等级、双重名称。

【工作地点】填写工作地段起止杆号。

【工作内容及人员分工】

（1）工作内容应填写明确，术语规范。

（2）应写明工作性质、内容（如：电缆展放、电缆接入、电缆拆除等）。

（3）带电作业需明确斗内电工及地面电工人员分工及相应监护人。

【监护人】应注明指定工作任务的监护人。

4.【计划工作时间】

填写发电作业起始时间和结束时间，该时间应在调度批准的发电作业时间段内。

5【安全措施】

5.1 调控或运维人员应采取的安全措施

填写涉及的变（配）电站或线路名称以及由调控操作的需要停用的重合闸；若带电作业需要停用负荷侧相关线路或设备，应填入相应线路或设备

线路名称、设备双重名称	是否需要停用重合闸	作业点负荷侧需要停电的线路、设备	应装设的安全遮栏（围栏）和悬挂的标示牌
10kV 三勤 117 线	是	无	

的双重名称，以及装设安全遮栏或悬挂标示牌的地点。

5.2　其他危险点预控措施和注意事项：

（1）风力大于 5 级或湿度大于 80%时不宜带电作业，遇有雷雨、暴雨、浓雾等不良天气禁止进行带电作业。

（2）绝缘绳索类工具有效绝缘长度不小于 0.4m，绝缘操作杆有效绝缘长度不小于 0.7m，绝缘臂有效绝缘长度大于 1.0m，绝缘斗臂车的金属部分在仰起、回转运动中，与带电体间的安全距离不应小于 0.9m。工作中车体应使用不小于 25mm² 的软铜线良好接地。

（3）开工前召开开工会，工作负责人对工作班成员进行安全技术交底。

（4）对作业中可能触及的其他带电体及无法满足安全距离的接地体（导线支承件、金属紧固件、横担、拉线等）应采取绝缘遮蔽措施。

（5）作业区域带电体、绝缘子等应采取相间、相对地的绝缘隔离（遮蔽）措施。不应同时接触两个非连通的带电体或同时接触带电体与接地体。

（6）带电作业，应穿戴绝缘防护用具（绝缘服或绝缘披肩或绝缘袖套、绝缘手套、绝缘鞋、绝缘安全帽等）。使用的安全带应有良好的绝缘性能。带电作业过程中，不应摘下绝缘防护用具。

（7）绝缘斗臂车应选择适当的工作位置，支撑应稳固可靠。在绝缘斗臂车及带电作业工作地点四周装设围栏（网），入口处悬挂"从此进出""在此工作"标示牌。作业时，封闭入口，并向外悬挂"止步，高压危险"标示牌。绝缘斗臂车使用前应在预定位置空斗试操作一次，确认液压传动、回转、升降、伸缩系统工作正常、操作灵活，制动装置可靠。

（8）带电作业工具应绝缘良好、连接牢固、转动灵活，并按现场操作规程正确使用。

（9）发现绝缘工具受潮或表面损伤、脏污时，应及时处理，使用前应经试验或检测合格。

（10）进入作业现场应将使用的带电作业工具放置在防潮的帆布或绝缘

5.2 其他危险点预控措施和注意事项
根据工作现场的具体情况而采取的一些安全措施或有关安全注意事项。
如：带电作业相关安全措施；发电车辆及发电电缆相关安全措施；装设个人保安接地线；在杆下装设临时围栏；防止倒杆应设临时拉线；线路交跨处、邻近带电设备的安全距离提示；起重作业、高处作业、有限空间作业、电气试验作业、放线撤线作业等现场的安全注意事项；在道路上放置提醒来往车辆和行人注意安全的交通警示牌等。

垫上，以防脏污和受潮。

（11）不应使用有损坏、受潮、变形或失灵的带电作业装备、工具。操作绝缘工具时应戴清洁、干燥的手套。

（12）作业现场应有专人负责指挥施工，做好现场的组织、协调工作。作业人员应听从工作负责人指挥。专责监护人应履行监护职责，不得兼做其他工作，要选择便于监护的位置，监护的范围不得超过一个作业点。每项工作开始前、结束后，每组工作完成，小组负责人应向现场总工作负责人汇报。

（13）作业现场应有专人负责指挥施工，多班组作业时应做好现场的组织、协调工作。作业人员应听从工作负责人指挥。

（14）电缆必须在施工前核准相位并做好相应相色标志。

（15）发电车进入作业场地停放后在周围需装设围栏，并在围栏上面向外悬挂"止步，高压危险！"标示牌，并在临时围栏出入口悬挂"在此工作！""从此进出！"标示牌，发电期间，封闭入口。发电作业中车体应使用不小于 $25mm^2$ 的软铜线良好接地。

（16）柔性电缆应敷设在防潮毡布上，并在周围设置围栏，围栏上面向外悬挂"止步，高压危险！"标示牌。

（17）使用钳形电流表测量发电电缆载流量或定相仪定相时，应戴绝缘手套。

工作票签发人签名：姚×× ___ 2024 年 03 月 15 日 08 时 06 分

工作票会签人签名：金×× ___ 2024 年 03 月 15 日 15 时 38 分

工作负责人签名：甲×× ___ 2024 年 03 月 15 日 16 时 42 分

6. 确认本工作票 1～5 项正确完备，许可工作开始

许可的线路、设备	许可方式	工作许可人	工作负责人签名	许可工作时间
10kV 三勤 117 线何家支线 9 号杆	当面	己××	甲××	2024 年 03 月 16 日 07 时 15 分

7. 现场补充的安全措施

无。

【工作票签发人签名、工作负责人签名】确认工作票 1～5.2 项无误后，工作票签发人和工作负责人在签名栏内签名，并在时间栏内填入相应时间。"双签发"时应履行同样手续。

6. 【工作许可】
（1）工作许可人和工作负责人分别在各自收执的工作票上填写许可的线路或设备名称、许可方式、工作许可人、工作负责人、许可工作时间。
（2）同一时间、相同停电范围，有多家单位或同一单位的不同班组分别持票进行施工作业时，设备运维管理单位指派的工作许可人应为同一人。
（3）各工作许可人应在完成工作票所列由其负责的停电和装设接地线等安全措施后，方可发出许可工作的命令。
【许可方式】
配网发电作业应采取现场当面许可。许可过程均应做好录音。
【工作许可时间】
工作许可时间不得早于计划工作开始时间。
7. 【现场补充的安全措施】
工作负责人或工作许可人根据现场的实际情况，补充安全措施和注意事项。无补充内容时填写"无"。

8. 现场交底，工作班成员确认工作负责人布置的工作任务、人员分工、安全措施和注意事项并签名：

　　乙××、丙××、丁××、戊××

9. 2024 年 03 月 16 日 07 时 20 分工作负责人下令开始工作。

10. 人员变更

10.1　工作负责人变动情况：原工作负责人_____离去，变更_____为工作负责人。

工作票签发人：_____　　　　　_____年__月__日__时__分

原工作负责人签名确认：_____

新工作负责人签名确认：_____　　_____年__月__日__时__分

10.2　工作人员变动情况。

新增人员	姓名						
	变更时间						
	工作负责人签名						
离开人员	姓名						
	变更时间						
	工作负责人签名						

11. 工作票延期

　　有效期延长到____年__月__日__时__分。

工作负责人签名：_____　　_____年__月__日__时__分

工作许可人签名：_____　　_____年__月__日__时__分

12. 工作终结

12.1　工作班人员已全部撤离现场，工具、材料已清理完毕，杆塔、设备上已无遗留物。

12.2　工作终结报告。

8.【现场交底签名】
工作班成员在明确了工作负责人和小组负责人交代的工作内容、人员分工、带电部位、现场布置的安全措施和工作的危险点及防范措施后，每个工作班成员在工作负责人所持工作票的本栏签名，不得代签。

9.【下令开始工作】
工作负责人确认工作票所列当前工作所需的安全措施一栏的时间，应为调度运维以及工作班所做的安全措施全部执行完毕之后，下令开始工作的时间。

10.【人员变更】
10.1 工作负责人变动情况
（1）工作票签发人同意，在工作票上填写离去和变更的工作负责人姓名及变动时间，同时通知全体作业人员及工作许可人。
（2）工作票签发人无法当面办理，应通过电话通知工作许可人，由工作许可人和原工作负责人在各自所持工作票上填写工作负责人变更情况，并代工作票签发人签名。
（3）工作负责人的变动必须是在该工作票许可之后，如在工作票许可之前需变更工作负责人，则应由工作票签发人重新签发工作票。
10.2 工作人员变动情况
（1）班组人员每次发生变动，工作负责人要在工作票上即时注明变动情况（变更人员姓名、变更时间）并签名，不得最后一并签名。
（2）新增人员在明确了工作内容、人员分工、带电部位、现场安全措施和工作的危险点及防范措施，在工作负责人所持工作票第8栏签名确认后方可参加工作。

11.【工作票延期】
工作如需延期，应在工作计划结束时间前由工作负责人向工作许可人提出申请，办理延期手续。工作票只能延期一次。

12.【工作终结】
12.1 工作结束后，工作负责人（包括小组负责人）应检查工作地段的状况，确认没有遗留个人保安线和其他工具、材料，全部工作人员确已撤离，并经验收合格后方可命令拆除工作接地线等安全措施。（做针对性优化说明）
12.2 工作终结报告。
（1）工作终结后，工作负责人应及时报告工作许

终结的线路或设备	报告方式	工作许可人	工作负责人签名	终结报告时间
220kV 延政变10kV 三勤 117 线何家支线 9 号杆	当面	己××	甲××	2024 年 03 月16 日 08 时 00 分

可人，若有其他单位的设备配合停电，还应及时通知配合停电设备运行管理单位的停电联系人。工作终结报告应当面进行。

（2）报告结束后，工作许可人和工作负责人分别在各自收执的工作票上填写终结的线路或设备的名称、报告方式、工作负责人、工作许可人和终结报告时间，办理工作终结手续。工作一旦终结，任何工作人员不得进入工作现场。

13. 备注

现场实测风速：5m/s；湿度：30%。

13.【备注】
（1）开工前根据温湿度计、风速仪填写现场实际风速、湿度。
（2）注明指定带电作业专责监护人、被监护人、负责监护地点及具体工作。

配网发电作业值守任务单

单位： ×× 公司　　　　　　**任务单编号：** 值 D2024××××001

【票种选择】
本次作业为配网发电作业值守工作，使用发电作业值守任务单。任务单编号按照"值 D yyyy-mm-dd-×××"格式编号，例如：值 D20240601001。

1. 值守负责人： 甲××

1.【值守负责人】
值守负责人应熟悉本次发电作业全流程，由经验丰富的发电作业人员担任。

2. 值守人员： 戊××

2.【值守人员】
值守人员应取得准入资质，且应熟悉发电车辆操作，能够处理发电车辆异常情况。

共 1 人

3. 值守地点及任务

值守地点	值守任务
10kV 三勤 117 线何家支线 9 号杆	发电作业及发电车运行保障

3.【值守地点及任务】
【值守地点】 填写工作线路（包括有工作的分支线路等）电压等级、名称（同杆双回或多回线路应注明线路位置称号）、工作地段起止杆号。
【值守任务】
（1）工作内容应填写明确，术语规范。
（2）应写明工作性质、内容（如：发电车保障运行、发电车异常情况处理等）。

4. 车辆进、离场时间

自 2024 年 03 月 16 日 07 时 00 分发电车辆进场；

至 2024 年 03 月 16 日 15 时 30 分发电车辆离场。

4.【车辆进、离场时间】
填写发电车辆到达、离开工作地点的时间。

5. 许可并、离网时间

2024 年 03 月 16 日 08 时 10 分许可发电车辆并网；

5.【许可并、离网时间】
填写现场得到工作许可人许可后，发电车完成并网接入并开始发电、停止发电并离网退出的时间。

2024 年 03 月 16 日 14 时 05 分许可发电车辆离网。

6. 计划值守时间

自 2024 年 03 月 16 日 08 时 00 分至 2024 年 03 月 16 日 15 时 00 分。

值守负责人签名：甲××

2024 年 03 月 15 日 16 时 30 分

6.【计划值守时间】
填写发电值守起始时间和结束时间，该时间可与整体发电作业时间同期。
【值守负责人签名】确认任务单 1～4 项无误后，值守负责人在签名栏内签名，并在时间栏内填入相应时间。

7. 值守开始时间

2024 年 03 月 16 日 08 时 15 分

值守负责人签名：甲××

7.【值守开始时间】
值守开始时间不得早于发电作业接入及并网作业结束时间，并由值守负责人签名。

8. 异常情况及采取的措施

发电作业异常情况	采取的措施	执行人
无		

8.【异常情况及采取的措施】
【发电作业异常情况】应填写发电作业过程中发生的异常情况，（如：发电车停机、发电电压过低/高、发电车油量/电量不足等）。
【采取的措施】应填写在发电作业发生异常情况时，值守人员采取的应急措施，包括：重启车辆、调整电压、加注燃油等。
【执行人】应由执行应急措施人员签名确认。

9. 关键信息记录

9.【关键信息记录】
应填写发电机组出力、发电量、剩余油量等关键信息，每隔 30min 记录 1 次。

记录时间	发电机组出力（kW）	发电量（kWh）	耗油量/电量（L/kWh）
2024 年 03 月 16 日 08 时 30 分	151	80	15
2024 年 03 月 16 日 09 时 00 分	167	150	18
2024 年 03 月 16 日 09 时 30 分	174	230	17
2024 年 03 月 16 日 10 时 00 分	153	320	15
2024 年 03 月 16 日 10 时 30 分	187	410	18

续表

记录时间	发电机组出力 （kW）	发电量 （kWh）	耗油量/电量 （L/kWh）
2024 年 03 月 16 日 11 时 00 分	193	500	20
2024 年 03 月 16 日 11 时 30 分	208	590	21
2024 年 03 月 16 日 12 时 00 分	199	670	23
2024 年 03 月 16 日 12 时 30 分	186	750	22
2024 年 03 月 16 日 13 时 00 分	205	830	24
2024 年 03 月 16 日 13 时 30 分	183	900	19
2024 年 03 月 16 日 14 时 00 分	169	960	16

10. 人员变更

10.1　值守负责人变动情况：原值守负责人_____离去，变更_____为值守负责人。

变更许可人：_____　　　　____年__月__日__时__分

原值守负责人签名确认：_____

新值守负责人签名确认：_____　　____年__月__日__时__分

10.2　工作人员变动情况。

新增 人员	姓名				
	变更时间				
	值守负责人签名				
离开 人员	姓名				
	变更时间				
	值守负责人签名				

10.【人员变更】
值守工作过程中，发生值守人员变动，应征得值守负责人同意并履行人员迁入、迁出手续；更换值守工作负责人需征得发电作业实施单位管理人员（变更许可人）同意，告知全体值守人员，在值守工作任务单中做好记录。对于长时间、分多批次人员值守的保电工作，应分别填写值守工作任务单。

9

11. 值守结束时间

<u>2024</u> 年 <u>03</u> 月 <u>16</u> 日 <u>14</u> 时 <u>00</u> 分

值守负责人签名：<u>甲××</u>

12. 备注

_____

_____

11.【值守结束时间】
值守结束时间应在发电车退出运行之前，并由值守负责人签名。

12.【备注】
其他需要交代或需要记录的事项。

配电带电作业工作票

单　位：<u>××公司</u>　　　编　号：<u>配 D2024×××002</u>

1. 工作负责人：<u>甲××</u>　　**班　组：**<u>不停电作业一班</u>

2. 工作班成员（不包括工作负责人）

<u>乙××、丙××、丁××、戊××</u>

_____

共 <u>4</u> 人

3. 工作任务

线路名称或设备双重名称	工作地点	工作内容及人员分工	监护人
10kV 三勤 117 线	10kV 三勤 117 线何家支线 9 号杆	带电断空载电缆线路与架空线路连接引线：带电拆除 10kV 三勤 117 线何家支线 9 号杆大小号侧电缆上引线。斗内电工：丙××、丁××。地面电工：戊××	乙××
10kV 三勤 117 线	10kV 中压发电车	中压发电车发电车侧电缆拆除及电缆回收。发电车电缆拆除：丙××。地面电工：戊××	甲××

【票种选择】
本次作业为配网发电作业电缆拆除工作，使用配电带电作业工作票。

1.【班组】
对于包含工作负责人在内有两个及以上的班组人员共同进行的工作，应填写"综合班组"。

2.【工作班人员】
人员应取得准入资质，安排的人员应进行承载力分析，确保人数适当、充足；如有特种作业应安排具备相应资质的特种作业人员。不同单位需分行填写。

3.【工作任务】
【线路名称或设备双重名称】填写工作线路电压等级、双重名称。
【工作地点】填写工作地段起止杆号。
【工作内容及人员分工】
（1）工作内容应填写明确，术语规范。
（2）应写明工作性质、内容（如：电缆展放、电缆接入、电缆拆除等）。
（3）带电作业需明确斗内电工及地面电工人员分工及相应专责监护人。
【监护人】应注明指定工作任务的专责监护人。

4. 计划工作时间

自 <u>2024</u> 年 <u>03</u> 月 <u>16</u> 日 <u>07</u> 时 <u>00</u> 分至 <u>2024</u> 年 <u>03</u> 月 <u>16</u> 日 <u>17</u> 时 <u>00</u> 分。

5. 安全措施

5.1 调控或运维人员应采取的安全措施：

线路名称、设备双重名称	是否需要停用重合闸	作业点负荷侧需要停电的线路、设备	应装设的安全遮栏（围栏）和悬挂的标示牌
10kV 三勤 117 线	是	无	

5.2 其他危险点预控措施和注意事项：

（1）风力大于 5 级或湿度大于 80%时不宜带电作业，遇有雷雨、暴雨、浓雾等不良天气禁止进行带电作业。

（2）绝缘绳索类工具有效绝缘长度不小于 0.4m，绝缘操作杆有效绝缘长度不小于 0.7m，绝缘臂有效绝缘长度大于 1.0m，绝缘斗臂车的金属部分在仰起、回转运动中，与带电体间的安全距离不应小于 0.9m。工作中车体应使用不小于 25mm² 的软铜线良好接地。

（3）开工前召开开工会，工作负责人对工作班成员进行安全技术交底。

（4）对作业中可能触及的其他带电体及无法满足安全距离的接地体（导线支承件、金属紧固件、横担、拉线等）应采取绝缘遮蔽措施。

（5）作业区域带电体、绝缘子等应采取相间、相对地的绝缘隔离（遮蔽）措施。不应同时接触两个非连通的带电体或同时接触带电体与接地体。

（6）带电作业，应穿戴绝缘防护用具（绝缘服或绝缘披肩或绝缘袖套、绝缘手套、绝缘鞋、绝缘安全帽等）。使用的安全带应有良好的绝缘性能。带电作业过程中，不应摘下绝缘防护用具。

（7）绝缘斗臂车应选择适当的工作位置，支撑应稳固可靠。绝缘斗臂车使用前应在预定位置空斗试操作一次，确认液压传动、回转、升降、伸缩系统工作正常、操作灵活，制动装置可靠。

（8）带电作业工具应绝缘良好、连接牢固、转动灵活，并按现场操作规程正确使用。

（9）发现绝缘工具受潮或表面损伤、脏污时，应及时处理，使用前应经

4.【计划工作时间】
填写发电作业起始时间和结束时间，该时间应在调度批准的发电作业时间段内。

5【安全措施】
5.1 调控或运维人员应采取的安全措施
填写涉及的变（配）电站或线路名称以及由调控操作的需要停用的重合闸；若带电作业需要停用负荷侧相关线路或设备，应填入相应线路或设备的双重名称，以及装设安全遮栏或悬挂示牌的地点。

5.2 其他危险点预控措施和注意事项
根据工作现场的具体情况而采取的一些安全措施或有关安全注意事项。
如：带电作业相关安全措施；发电车辆及发电电缆相关安全措施；装设个人保安接地线；在杆下装设临时围栏；防止倒杆应设临时拉线；线路交跨处、邻近带电设备的安全距离提示；起重作业、高处作业、有限空间作业、电气试验作业、放线撤线作业等现场的安全注意事项；在道路上放置提醒来往车辆和行人注意安全的交通警示牌等。

试验或检测合格。

（10）进入作业现场应将使用的带电作业工具放置在防潮的帆布或绝缘垫上，以防脏污和受潮。

（11）不应使用有损坏、受潮、变形或失灵的带电作业装备、工具。操作绝缘工具时应戴清洁、干燥的手套。

（12）作业现场应有专人负责指挥施工，做好现场的组织、协调工作。作业人员应听从工作负责人指挥。专责监护人应履行监护职责，不得兼做其他工作，要选择便于监护的位置，监护的范围不得超过一个作业点。每项工作开始前、结束后，每组工作完成，小组负责人应向现场总工作负责人汇报。

（13）作业现场应有专人负责指挥施工，多班组作业时应做好现场的组织、协调工作。作业人员应听从工作负责人指挥。

（14）电缆必须在施工前核准相位并做好相应相色标志。

（15）发电车进入作业场地停放后在周围需装设围栏，并在围栏悬挂"止步，高压危险！"标示牌，发电作业中车体应使用不小于 25 mm² 的软铜线良好接地。

（16）柔性电缆应敷设在防潮毡布上，并在周围设置围栏，围栏上悬挂"止步，高压危险！"标示牌。

（17）使用钳形电流表测量发电电缆载流量或定相仪定相时，应戴绝缘手套。

工作票签发人签名：姚××　　2024 年 03 月 15 日 08 时 08 分

工作票会签人签名：金××　　2024 年 03 月 15 日 15 时 40 分

工作负责人签名：甲××　　2024 年 03 月 15 日 16 时 44 分

【工作票签发人签名、工作负责人签名】确认工作票 1～5.2 项无误后，工作票签发人和工作负责人在签名栏内签名，并在时间栏内填入相应时间。"双签发"时应履行同样手续。

6. 确认本工作票 1～5 项正确完备，许可工作开始

许可的线路或设备	许可方式	工作许可人	工作负责人签名	许可工作时间
10kV 三勤 117 线何家支线 9 号杆	当面	己××	甲××	2024 年 03 月 16 日 14 时 45 分

7. 现场补充的安全措施

无。

6.【工作许可】
（1）工作许可人和工作负责人分别在各自收执的工作票上填写许可的线路或设备名称、许可方式、工作许可人、工作负责人、许可工作时间。
（2）同一时间、相同停电范围，有多家单位或同一单位的不同班组分别持票进行施工作业时，设备运维管理单位指派的工作许可人应为同一人。
（3）各工作许可人应在完成工作票所列由其负责的停电和装设接地线等安全措施后，方可发出许可工作的命令。
【许可方式】配网发电作业应采取现场当面许可。许可过程均应做好录音。
【工作许可时间】工作许可时间不得早于计划工作开始时间。

7.【现场补充的安全措施】
工作负责人或工作许可人根据现场的实际情

8. 现场交底，工作班成员确认工作负责人布置的工作任务、人员分工、安全措施和注意事项并签名：

　　乙××、丙××、丁××、戊××　　　　　　　　　　　　

　　　　　　　　　　　　　　　　　　　　　　　　　　　　

9. <u>2024</u> 年<u>03</u>月<u>16</u>日<u>14</u>时<u>50</u>分工作负责人下令开始工作。

10. 人员变更

10.1　工作负责人变动情况：原工作负责人_____离去，变更_____为工作负责人。

工作票签发人：_____　　　　　_____年__月__日__时__分

原工作负责人签名确认：_____

新工作负责人签名确认：_____　　　_____年__月__日__时__分

10.2　工作人员变动情况。

新增人员	姓名						
	变更时间						
	工作负责人签名						
离开人员	姓名						
	变更时间						
	工作负责人签名						

11. 工作票延期

　　有效期延长到____年__月__日__时__分。

工作负责人签名：_____　　　　_____年__月__日__时__分

工作许可人签名：_____　　　　_____年__月__日__时__分

12. 工作终结

12.1　工作班人员已全部撤离现场，工具、材料已清理完毕，杆塔、设备上已无遗留物。

况，补充安全措施和注意事项。无补充内容时填写"无"。

8.【现场交底签名】
（1）工作班成员在明确了工作负责人和小组负责人交代的工作内容、人员分工、带电部位、现场布置的安全措施和工作的危险点及防范措施后，每个工作班成员在工作负责人所持工作票的本栏签名，不得代签。
（2）一张工作票多小组工作，使用工作任务单时，由各小组负责人在工作票上签名，其他小组成员分别在对应的工作任务单上签名。

9.【下令开始工作】
工作负责人确认工作票所列当前工作所需的安全措施一栏的时间，应为调度运维以及工作班所做的安全措施全部执行完毕之后，下令开始工作的时间。

10.【人员变更】
10.1 工作负责人变动情况
（1）工作票签发人同意，在工作票上填写离去和变更的工作负责人姓名及变动时间，同时通知全体作业人员及工作许可人。
（2）工作票签发人无法当面办理，应通过电话通知工作许可人，由工作许可人和原工作负责人在各自所持工作票上填写工作负责人变更情况，并代工作票签发人签名。
（3）工作负责人的变动必须是在该工作许可之后，如在工作票许可之前需变更工作负责人，则应由工作票签发人重新签发工作票。
10.2 工作人员变动情况
（1）班组人员每次发生变动，工作负责人要在工作票上即时注明变动情况（变更人员姓名、变更时间）并签名，不得最后一并签名。
（2）新增人员在明确了工作内容、人员分工、带电部位、现场安全措施和工作的危险点及防范措施，在工作负责人所持工作票第8栏签名确认后方可参加工作。

11.【工作票延期】
工作需延期，应在工作计划结束时间前由工作负责人向工作许可人提出申请，办理延期手续。工作票只能延期一次。

12.【工作终结】
12.1 工作结束后，工作负责人（包括小组负责人）应检查工作地段的状况，确认没有遗留个人保安线和其他工具、材料，全部工作人员确已撤

12.2 工作终结报告。

终结的线路或设备	报告方式	工作许可人	工作负责人签名	终结报告时间
10kV 三勤 117 线何家支线 9 号杆	当面	己××	甲××	2024 年 03 月 16 日 15 时 30 分

13. 备注

现场实测风速：5 m/s；湿度：30%。

离，并经验收合格后方可命令拆除工作接地线等安全措施。

12.2 工作终结报告。

（1）工作终结后，工作负责人应及时报告工作许可人，若有其他单位的设备配合停电，还应及时通知配合停电设备运行管理单位的停电联系人。工作终结报告应当面进行。

（2）报告结束后，工作许可人和工作负责人分别在各自收执的工作票上填写终结的线路或设备的名称、报告方式、工作负责人、工作许可人和终结报告时间，办理工作终结手续。工作一旦终结，任何工作人员不得进入工作现场。

【备注】

（1）开工前根据温湿度计、风速仪填写现场实际风速、湿度。

（2）注明指定带电作业专责监护人、被监护人、负责监护地点及具体工作。

1.2 站所一次并网二次短停发电作业

一、作业场景情况

（一）工作场景

10kV 石油 123 线白云路 2 号环网柜更换，花园新村 1 号变电所石油线 111 开关后段负载无法转供，现场满足一次并网条件，不满足二次并网条件，可通过中压发电车进行供电（备用间隔接入），工作结束后需短停恢复电网供电。

（二）工作任务

电缆接入：10kV 石油 123 线花园新村 1 号变电所备用 101 开关出线侧搭接发电柔性电缆。

发电转供：中压发电车并网，转供负载。

发电退出：中压发电车卸载，退出电网。

电缆退出：10kV 石油 123 线花园新村 1 号变电所备用 101 开关出线侧拆除发电柔性电缆。

（三）票种选择

配电第一种工作票+配网发电作业值守任务单。

（四）人员分工及安排

本次工作有 2 个作业地点，4 项作业内容，分别为：①接入电缆；②发电车并网发电；③发电车停机；④拆除电缆。参与本次工作的共 6 人（含 2 名负责人），具体分工为：

作业点 1：10kV 石油 123 线花园新村 1 号变电所备用 101 间隔。

甲××（配电一票工作负责人）：负责工作的整体协调组织及作业现场安全监护。

乙××（专责监护人）：负责对丙××、丁××进行监护。

丙××、丁××（工作班成员）：接入/拆除发电柔性电缆。

作业点 2：中压发电车。

庚××（值守负责人）：负责对戊××发电车侧电缆接入及操作发电车辆进行监护。

戊××（发电车操作人员）：负责发电车辆侧电缆接入、发电操作以及发电过程中值守。

（五）场景接线图

站所一次并网二次短停发电作业场景接线图见图1-2。

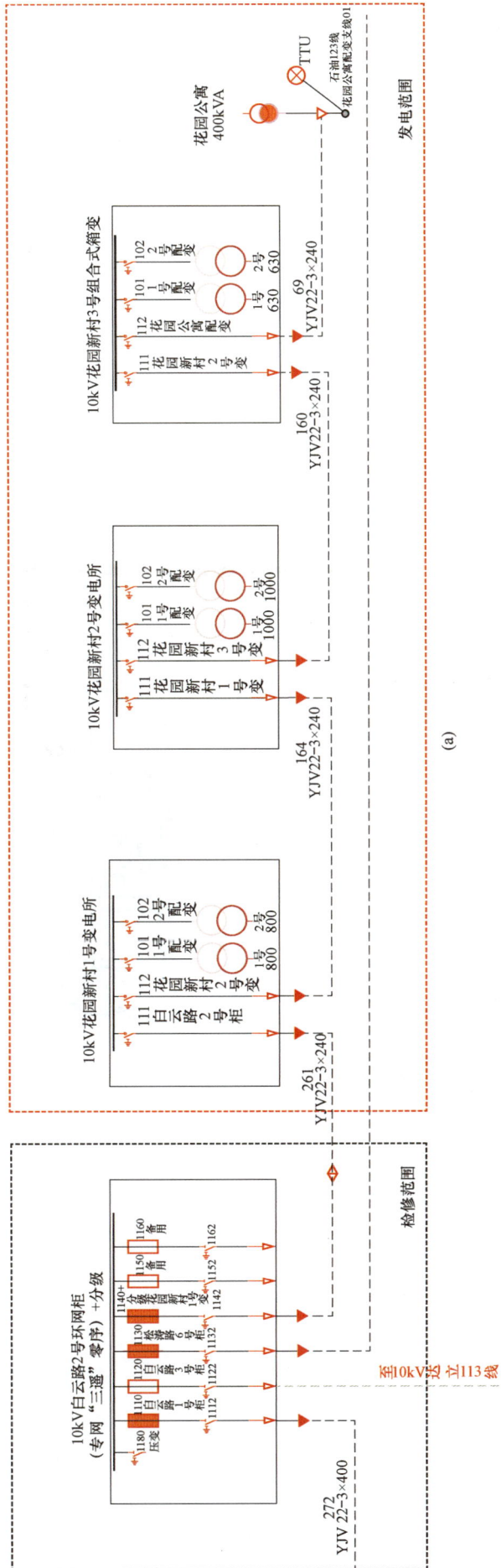

(a)

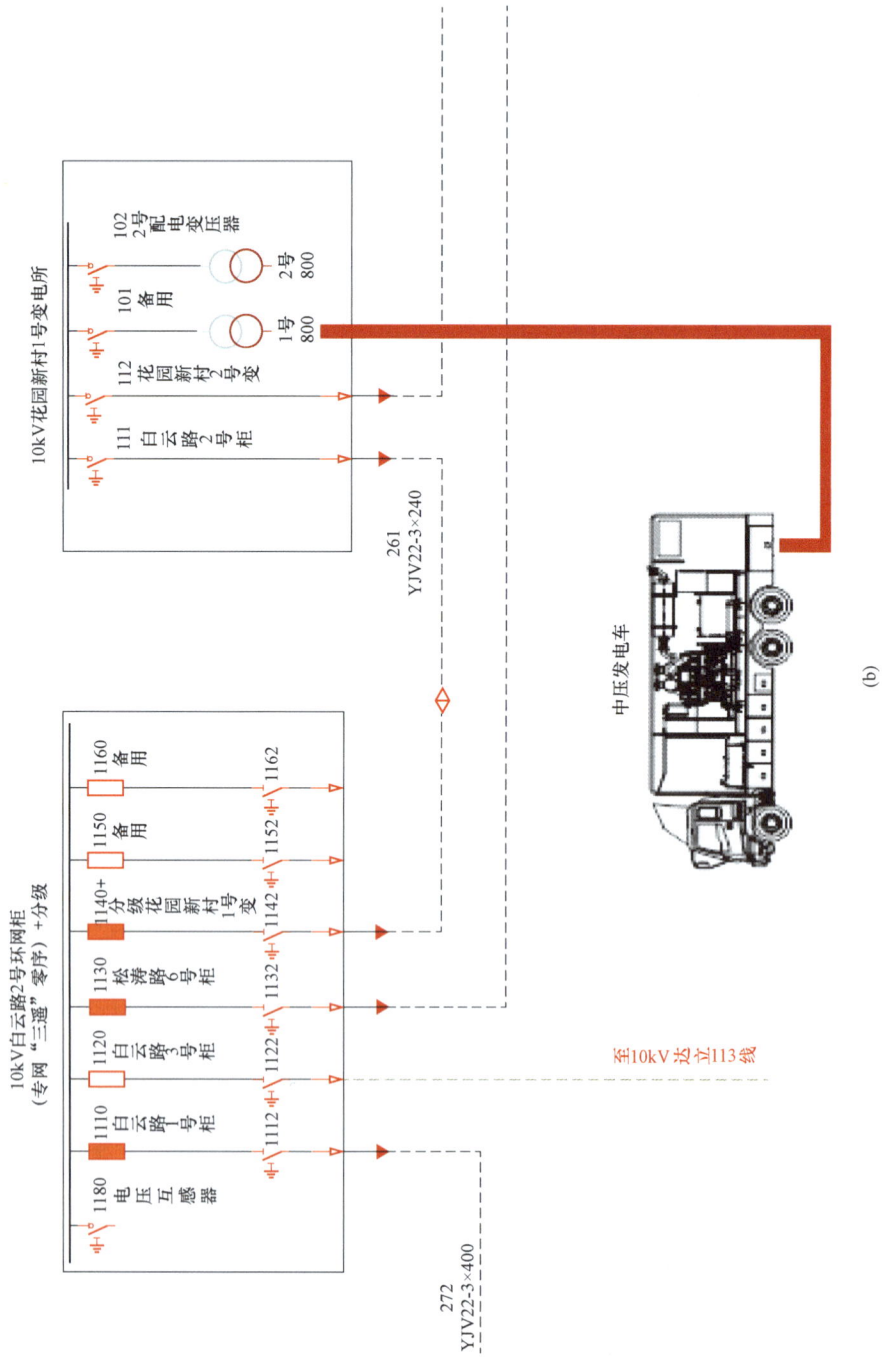

图 1-2 站所一次并网二次短停发电作业场景接线图
(a) 场景示意图; (b) 接线图

二、工作票样例

配电第一种工作票

单　位：××公司　　　　　编　号：配 D2024××××003

1. 工作负责人：甲××　　　班　组：配电一班

2. 工作班成员（不包括工作负责人）

乙××、丙××、丁××

共 _3_ 人

3. 停电线路或设备名称（多回线路应注明双重称号）

10kV 石油 123 线花园新村 1 号变电所：备用 101 开关后段。

4. 工作任务

工作地点或设备［注明变（配）电站、线路名称、设备双重名称及起止杆号或台区名称］	工作内容
10kV 石油 123 线花园新村 1 号变电所： 备用 101 开关间隔	发电车电缆接入

5. 计划工作时间

自 2024 年 04 月 16 日 07 时 00 分至 2024 年 04 月 16 日 17 时 00 分。

6. 安全措施

6.1　调控或运维人员完成的安全措施	已执行
（1）10kV 石油 123 线：花园新村 1 号变电所：应拉开备用 101 开关	

【票种选择】

本次作业为配网发电作业电缆接入工作，使用配电第一种工作票。

1.【班组】

对于包含工作负责人在内有两个及以上的班组人员共同进行的工作，应填写"综合班组"。

2.【工作班人员】

人员应取得准入资质，安排的人员应进行承载力分析，确保人数适当、充足；如有特种作业应安排具备相应资质的特种作业人员。不同单位需分行填写。

3.【停电线路或设备名称（多回线路应注明双重称号）】

（1）填写停电的配电线路电压等级、名称（多回线路应注明双重称号）、设备双重名称、起止杆号。

（2）填写停电的环网柜、开关站、箱式变压器等配电设备的电压等级、双重名称或停电范围。

（3）若全线（包括支线）停电，填写主线和支线。

（4）填写的配电线路名称、设备双重名称应与现场相符（包括电压等级）。

4.【工作任务】

【工作地点或设备［注明变（配）电站、线路名称、设备双重名称及起止杆号或台区名称］】配电线路工作：填写工作线路（包括有工作的分支线路等）电压等级，名称（同杆双回或多回线路应注明线路位置称号）、工作地段起止杆号。

【工作内容】电缆展放、发电车侧电缆接入由发电作业人员实施，实施完毕后由发电值守工作负责人通知配电一票负责人。

5.【计划工作时间】

填写发电作业起始时间和结束时间，该时间应在调度批准的发电作业时间段内。

6【安全措施】

6.1 调控或运维人员［变（配）电站、发电厂］应采取的安全措施

（1）填写涉及的变（配）电站或线路名称以及由调控或运维人员操作的各侧（包括变电站、配电站、用户站、各分支线路）断路器（开关）、隔离开关（刀闸）、熔断器，自动化设备控制电源、操作电源。

（2）填写变（配）电站内、线路上应合接地刀闸或应装接地线、应装绝缘挡板的编号和确切位置。

（3）填写变（配）电站内应设遮栏以及应挂标示牌的名称和地点以及防止二次回路误碰等措施。

续表

6.1　调控或运维人员完成的安全措施	已执行
（2）10kV 石油 123 线：花园新村 1 号变电所：应拉开备用 101 开关操作电源开关	
（3）10kV 石油 123 线：花园新村 1 号变电所：应在备用 101 开关操作部位挂"禁止合闸，有人工作！"标示牌	
（4）10kV 石油 123 线：花园新村 1 号变电所：应合上备用 1014 接地刀闸	
（5）10kV 石油 123 线：花园新村 1 号变电所：应在备用 1014 接地刀闸操作部位挂"禁止分闸！"标示牌	

6.2　工作班完成的安全措施	已执行
（1）10kV 石油 123 线：花园新村 1 号变电所：应在备用 101 开关间隔工作地点设置安全围栏，在相邻带电间隔及不应通行过道围栏上装设"止步，高压危险！"标示牌，在围栏入口处悬挂"在此工作！"和"从此进出！"标示牌	
（2）应在 10kV 石油 123 线：花园新村 1 号变电所：在备用 101 开关间隔两侧带电间隔处挂设红布幔	
（3）检查确认发电车侧电缆已接入，发电车操作电源已断开	

6.3　工作班装设（或拆除）的接地线

线路名称、设备双重名称、装设位置	接地线编号	装拆情况		
无		装设人	监护人	装设时间
		拆除人	监护人	拆除时间
		装设人	监护人	装设时间
		拆除人	监护人	拆除时间

（右栏批注）

（4）变（配）电站内和线路上均需采取安全措施时，为便于区分，应将变（配）电站内应采取的安全措施排在前面，线路上应采取的安全措施排在后面。

【已执行】以上安全措施完成后，工作负责人在接受许可时，应与工作许可人逐项核对确认并打"√"。

6.2 工作班完成的安全措施
填写需要工作班操作停电的配电变压器及用户名称、应装设的遮栏（围栏）、交通警示牌等。如：应拉开 10kV×线×配电变压器低压侧开关；在综合配电箱柜门把手上悬挂"禁止合闸，线路有人工作！"标示牌；在×处装设围栏……没有则填写"无"。

【已执行】以上安全措施完成后，工作负责人在接受许可时，应与工作许可人逐项核对确认并打"√"。

6.3 工作班装设（或拆除）的接地线线路名称或设备双重名称和装设位置
（1）填写应装设工作接地线（包括 0.4kV）的确切位置、地点；如 10kV×线×号杆支线侧。
（2）各工作班工作地段两端和有可能送电到停电线路的分支线（包括用户）都要挂接地线。
（3）配合停电的交叉跨越或邻近线路，在线路的交叉跨越或邻近处附近应装设一组接地线；配合停电的同杆（塔）架设线路装设接地线要求与检修线路相同。
（4）工作地段无法装设工作接地线的，且与运维人员装设的接地线（接地刀闸）之间未连有断路器（开关）或熔断器，则运维人员装设的接地线（接地刀闸）可借用为工作接地线使用，不需要在本栏内再填写。
（5）若工作范围内均借用运维人员装设的接地线（接地刀闸）作为工作接地线使用，则本栏填写"无"。
【接地线编号】
（1）填写应装设的工作接地线（包括 0.4kV）的编号及电压等级。例：#01（10kV）。
（2）同一编号接地线不得重复。分段工作，同一编号的接地线可分段重复使用。
（3）接地线编号在装设好接地线后由工作负责人在现场填写。

6.4　配合停电应采取的安全措施	已执行
无	

6.5　保留或邻近的带电线路、设备

10kV 石油 123 线：花园新村 1 号变电所：备用 101 开关上桩头、10kV 母线及相邻花园新村 2 号变 112 开关间隔、2 号配电变压器 102 开关间隔有电。

6.6　其他安全措施和注意事项

（1）应认清停电线路和间隔的双重名称，确认无误后方可作业。

（2）注意核对开关状态以及线路相位。

（3）现场作业人员正确佩戴安全帽。

（4）邻近道路及厂区门口，应设置醒目警示标志，设置围栏加强监护。

（5）电缆井打开时设安全围栏，防止行人意外跌落，在运行电缆沟里施工，对运行电缆做好防护，防止破坏电缆绝缘保护层，工作中与运行电缆保持 0.7m 及以上安全距离，加强监护。

（6）工作中人体应与 10kV 带电设备保持 0.7m 及以上的安全距离，注意安全，严格监护。

（7）进入有限空间内作业，应先通风 30min 排浊气体，经检测合格后方可工作，并悬挂有限空间内工作警示牌，严格执行先通风、再监测、后作业的安全措施，持续通风，持续监测，施工中断超过 30min，复工前重新检测，设专人监护。

（8）电缆必须在施工前核准相位并做好相应相色标志。

6.7　其他安全措施和注意事项补充（由工作负责人或工作许可人填写）

工作票签发人签名：姚×× 　　2024 年 04 月 15 日 08 时 06 分

工作票会签人签名：秦×× 　　2024 年 04 月 15 日 15 时 38 分

工作负责人签名：甲×× 　　2024 年 04 月 15 日 16 时 42 分

【装设人、拆除人、监护人】装设、拆除接地线应有人监护，工作负责人将装设人、拆除人和监护人由工作负责人现场填写在工作票上，监护人利用手机拍摄的照片或者打印工作票 6.3 栏目页作为书面依据，装设（拆除）接地线结束时，监护人及时向工作负责人汇报，由工作负责人在工作票上记下装设（拆除）时间。

【装设时间、拆除时间】

（1）工作负责人依据现场工作班成员装设或拆除接地线完毕的时间填写。装设时间应在工作许可并完成安全交底之后，下达开始工作命令之前；拆除时间应在工作终结时间之前。

（2）分段装设的接地线应根据工作区段转移情况逐段填写。

（3）接地线装、拆时间填写应采用 24 小时制，填写年、月、日、时、分，如：2023 年 07 月 31 日 14 时 06 分。

6.4 配合停电线路应采取的安全措施

填写由非调控或运维人员负责的配合停电的线路名称及应断开的断路器（开关）、隔离开关（刀闸）、熔断器，应合上的接地刀闸或应装设的操作接地线。没有则填写"无"。

6.5 保留或邻近的带电线路、设备

应注明工作地点或地段保留或邻近的带电线路、设备的电压等级、双重名称及杆（塔）号，主要填写以下内容：

（1）邻近或交叉跨越的带电线路、设备名称（双重称号）。

（2）发电厂、变电站出口停电线路两侧的邻近带电线路。

（3）与工作地段邻近、平行或交叉且有可能误登误触的带电线路及设备。

（4）拉开后一侧有电、一侧无电的配电设备。如柱上开关、闸刀、跌落保险等。

（5）变（配）电站、开关站内的配电设备工作，应填写工作地点及周围所保留的带电部位、带电设备名称。工作地点的低压交直流电源也应注明和交代清楚。

（6）没有则填写"无"。

6.6 其他安全措施和注意事项

根据工作现场的具体情况而采取的一些安全措施或有关安全注意事项。

如：装设个人保安接地线；在杆下装设临时围栏；防止倒杆应设临时拉线；线路交跨处、邻近带电设备的安全距离提示；起重作业、高处作业、有限空间作业、电气试验作业、放线撤线作业等现场的安全注意事项；在道路上放提醒来往车辆和行人注意安全的交通警示牌等。

6.7 其他安全措施和注意事项补充（由工作负责人或工作许可人填写）

工作负责人或工作许可人根据现场的实际情况，补充安全措施和注意事项。无补充内容时填写"无"。

【工作票签发人签名、工作负责人签名】确认工作票 1~6.7 项无误后，工作票签发人和工作负责人在签名栏内签名，并在时间栏内填入相应时间。"双签发"时应履行同样手续。

7. 工作许可

许可内容	许可方式	工作许可人	工作负责人签名	许可工作时间
110kV 勤业变 10kV 石油 123 线花园新村 1 号变电所：备用 101 开关出线	当面	己××	甲××	2024 年 04 月 16 日 07 时 30 分

8. 现场交底，工作班成员确认工作负责人布置的工作任务、人员分工、安全措施和注意事项并签名：

乙××、丙××、丁××

9. <u>2024</u> 年 <u>04</u> 月 <u>16</u> 日 <u>07</u> 时 <u>35</u> 分工作负责人确认工作票所列当前工作所需的安全措施全部执行完毕，下令开始工作。

10. 工作任务单登记

工作任务单编号	工作任务	小组负责人	工作许可时间	工作结束报告时间
无				

11. 人员变更

11.1　工作负责人变动情况：原工作负责人_____离去，变更_____为工作负责人。

工作票签发人：_____　　_____年__月__日__时__分

原工作负责人签名确认：_____

新工作负责人签名确认：_____　　_____年__月__日__时__分

右栏注释：

7.【工作许可】
（1）工作许可人和工作负责人分别在各自收执的工作票上填写许可的线路或设备名称、许可方式、工作许可人、工作负责人、许可工作时间。
（2）同一时间、相同停电范围，有多家单位或同一单位的不同班组分别持票进行施工作业时，设备运维管理单位指派的工作许可人应为同一人。
（3）各工作许可人应在完成工作票所列由其负责的停电和装设接地线等安全措施后，方可发出许可工作的命令。
【许可方式】配网发电作业应采取现场当面许可。许可过程均应做好录音。
【工作许可时间】工作许可时间不得早于计划工作开始时间。

8.【现场交底签名】
工作班成员在明确了工作负责人和小组负责人交代的工作内容、人员分工、带电部位、现场布置的安全措施和工作的危险点及防范措施后，每个工作班成员在工作负责人所持工作票的本栏签名，不得代签。

9.【下令开始工作】
工作负责人确认工作票所列当前工作所需的安全措施一栏的时间，应为调度运维以及工作班所做的安全措施全部执行完毕之后，下令开始工作的时间。

10.【工作任务单登记】
若一张工作票下设多个小组工作，应将所有工作任务单编号、工作任务、小组负责人、工作许可时间、工作结束报告时间。没有则"无"。

11.【人员变更】
11.1 工作负责人变动情况
（1）工作票签发人同意，在工作票上填写离去和变更的工作负责人姓名及变动时间，同时通知全体作业人员及工作许可人。
（2）工作票签发人无法当面办理，应通过电话通知工作许可人，由工作许可人和原工作负责人在各自所持工作票上填写工作负责人变更情况，并代工作票签发人签名。
（3）工作负责人的变动必须是在该工作票许可之后，如在工作票许可之前需变更工作负责人，则应由工作票签发人重新签发工作票。
11.2 工作人员变动情况
（1）班组人员每次发生变动，工作负责人要在工作票上即时注明变动情况（变更人员姓名、变更时间）并签名，不得最后一并签名。
（2）新增人员在明确了工作内容、人员分工、带电部位、现场安全措施和工作的危险点及防范措

11.2　工作人员变动情况。

新增人员	姓名					
	变更时间					
	工作负责人签名					
离开人员	姓名					
	变更时间					
	工作负责人签名					

12. 工作票延期

有效期延长到____年__月__日__时__分。

工作负责人签名：_____　　　____年__月__日__时__分

工作许可人签名：_____　　　____年__月__日__时__分

13. 每日开工和收工时间（使用一天的工作票不必填写）

收工时间	工作负责人	工作许可人	开工时间	工作负责人	工作许可人

14. 工作终结

14.1　工作班现场所装设接地线（接地刀闸）共 0 组、个人保安线共 0 组已全部拆除，工作班布置的其他安全措施已恢复，工作班人员已全部撤离现场，材料工具已清理完毕，杆塔、设备上已无遗留物。

14.2　工作终结报告。

终结内容	报告方式	工作许可人	工作负责人签名	终结报告时间
10kV 石油 123 线花园新村 1 号变电所：备用 101 开关出线	当面	己×××	甲××	2024 年 04 月 16 日 08 时 30 分

施，在工作负责人所持工作票第8栏签名确认后方可参加工作。

12.【工作票延期】
工作需要延期，应在工作计划结束时间前由工作负责人向工作许可人提出申请，办理延期手续。工作票只能延期一次。

13.【每日开工和收工时间】
（1）填写每日收工时间及次日开工时间，工作负责人、工作许可人分别签名确认。
（2）每日收工，工作负责人应得到小组负责人或全部工作班成员当日工作结束的报告，开好收工会并全部撤离工作现场后，向许可人汇报；次日复工时，工作负责人应经许可人同意并重新复核安全措施无误后方可工作。
（3）涉及多名工作许可人的工作，各工作许可人均应与工作负责人分别填写。

14.【工作终结】
（1）填写拆除的所有工作接地线和个人保安线数量。
1）工作结束后，工作负责人（包括小组负责人）应检查工作地段的状况，确认没有遗留个人保安线和其他工具、材料，全部工作人员确已撤离，并经验收合格后方可命令拆除工作接地线等安全措施。
2）接地线拆除后，任何人不得再登杆工作或在设备上工作。
（2）工作终结报告。
1）工作终结后，工作负责人应及时报告工作许可人，若有其他单位的设备配合停电，还应及时通知配合停电设备运行管理单位的停电联系人。工作终结报告应当面进行。
2）报告结束后，工作许可人和工作负责人分别在各自执行的工作票上填写终结的线路或设备的名称、报告方式、工作负责人、工作许可人和终结报告时间，办理工作终结手续。工作一旦终结，任何工作人员不得进入工作现场。

15．工作票终结

已拆除工作许可人现场所挂 <u>无</u>（编号）接地线共 <u>0</u> 组；已拉开 <u>10kV</u> <u>花园新村 1 号变电所：备用 1014 接地刀闸</u>（编号）接地刀闸共 <u>1</u> 副。

工作票于 <u>2024</u> 年 <u>04</u> 月 <u>16</u> 日 <u>08</u> 时 <u>30</u> 分结束。

工作许可人：<u>己××</u>

16．备注

16.1 指定专责监护人<u>乙××</u>负责监护<u>丙××、丁××进行 10kV 石油 123 线花园新村 1 号变电所备用 101 开关出线侧电缆接入。</u>

（地点及具体工作。）

16.2 其他事项。

<u>无。</u>

配网发电作业值守任务单

单位：<u>××公司</u>　　　　任务单编号：<u>值 D2024×××002</u>

1．值守负责人：<u>庚××</u>

2．值守人员：<u>戊××</u>

共 <u>1</u> 人

3．值守地点及任务

值守地点	值守任务
10kV 石油 123 线花园新村 1 号变电所	发电作业及发电运行保障

15.【工作票终结】
（1）填写拆除由工作许可人负责装设的接地线和接地刀闸编号、数量，以及工作票的终结时间。确认接地线和接地刀闸都已经拆除后，工作许可人签名。
（2）若不涉及接地线或接地闸刀，应在编号栏填"无"，在数量栏填"0"组（副），不得空白。
（3）拉开的接地刀闸编号栏应填写双重名称。
（4）工作票终结前，工作许可人在接到所有工作负责人的完工报告，实地检查确认停电范围内所有工作已结束，所有人员已撤离，所有接地线已拆除，与记录簿核对无误并做好记录后，方可下令拆除各侧安全措施。
（5）该内容只需工作许可人所持票面填写。涉及多名工作许可人的工作票，各工作许可人负责各自所装设的接地线（接地刀闸）的拆除情况。

16.【备注】
16.1 指定监护人
注明指定专责监护人、被监护人、负责监护地点及具体工作。如"指定专责监护人张三负责监护李四在 10kV×线×杆进行×工作"。
16.2 其他事项
其他需要交代或需要记录的事项。

【票种选择】
本次作业为配网发电作业值守工作，使用发电作业值守任务单。任务单编号按照"值 D yyyy-mm-dd-×××"格式编号，例如：值 D20240601001。

1.【值守负责人】
值守负责人应熟悉本次发电作业全流程，由经验丰富的发电作业人员担任。

2.【值守人员】
值守人员应取得准入资质，且应熟悉发电车辆操作，能够处理发电车辆异常情况。

3.【值守地点及任务】
【值守地点】填写工作线路（包括有工作的分支线路等）电压等级、名称（同杆双回或多回线路应注明线路位置称号）、工作地段起止杆号。
【值守任务】
（1）工作内容应填写明确，术语规范。
（2）应写明工作性质、内容（如：发电车保障运行、发电车异常情况处理等）。

4. 车辆进、离场时间

自 2024 年 04 月 16 日 07 时 00 分发电车辆进场；

至 2024 年 04 月 16 日 16 时 30 分发电车辆离场。

4.【车辆进、离场时间】
填写发电车辆到达、离开工作地点的时间。

5. 许可并、离网时间

2024 年 04 月 16 日 08 时 40 分许可发电车辆并网；

2024 年 04 月 16 日 14 时 35 分许可发电车辆离网。

5.【许可并、离网时间】
填写现场得到工作许可人许可后，发电车完成并网接入并开始发电、停止发电并离网退出的时间。

6. 计划值守时间

自 2024 年 04 月 16 日 08 时 30 分至 2024 年 04 月 16 日 15 时 00 分。

　　　　　　　　　　　值守负责人签名： 庚××

2024 年 04 月 15 日 15 时 30 分

6.【计划值守时间】
填写发电值守起始时间和结束时间，该时间可与整体发电作业时间同期。
【值守负责人签名】确认任务单 1～4 项无误后，值守负责人在签名栏内签名，并在时间栏内填入相应时间。

7. 值守开始时间

2024 年 04 月 16 日 08 时 45 分

　　　　　　　　　　　值守负责人签名： 庚××

7.【值守开始时间】
值守开始时间不得早于发电作业接入及并网作业结束时间，并由值守负责人签名。

8. 异常情况及采取的措施

发电作业异常情况	采取的措施	执行人
无		

8.【异常情况及采取的措施】
【发电作业异常情况】应填写发电作业过程中发生的异常情况（如：发电车停机、发电电压过低/高、发电车油量/电量不足等）。
【采取的措施】应填写在发电作业发生异常情况时，值守人员采取的应急措施，包括：重启车辆、调整电压、加注燃油等。
【执行人】应由执行应急措施人员签名确认。

9. 关键信息记录

记录时间	发电机组出力 （kW）	发电量 （kWh）	耗油量/电量 （L/kWh）
2024 年 04 月 16 日 09 时 00 分	151	80	15
2024 年 04 月 16 日 09 时 30 分	167	150	18

9.【关键信息记录】
应填写发电机组出力、发电量、剩余油量等关键信息，每隔 30min 记录 1 次。

续表

记录时间	发电机组出力 （kW）	发电量 （kWh）	耗油量/电量 （L/kWh）
2024 年 04 月 16 日 10 时 00 分	174	230	17
2024 年 04 月 16 日 10 时 30 分	153	320	15
2024 年 04 月 16 日 11 时 00 分	187	410	18
2024 年 04 月 16 日 11 时 30 分	193	500	20
2024 年 04 月 16 日 12 时 00 分	208	590	21
2024 年 04 月 16 日 12 时 30 分	199	670	23
2024 年 04 月 16 日 13 时 00 分	186	750	22
2024 年 04 月 16 日 13 时 30 分	205	830	24
2024 年 04 月 16 日 14 时 00 分	183	900	19
2024 年 04 月 16 日 14 时 30 分	169	960	16

10. 人员变更

10.1　值守负责人变动情况： 原值守负责人_____离去，变更_____为值守负责人。

变更许可人：_____　　　　　　_____年__月__日__时__分

原值守负责人签名确认：_____

新值守负责人签名确认：_____　　_____年__月__日__时__分

10.【人员变更】

值守工作过程中，发生值守人员变动，应征得值守负责人同意并履行人员迁入、迁出手续；更换值守工作负责人需征得发电作业实施单位管理人员（变更许可人）同意，告知全体值守人员，在值守工作任务单中做好记录。对于长时间、分多批次人员值守的保电工作，应分别填写值守工作任务单。

续表

10.2 工作人员变动情况。

		姓名					
新增人员		变更时间					
		值守负责人签名					
离开人员		姓名					
		变更时间					
		值守负责人签名					

11. 值守结束时间

<u>2024</u> 年 <u>04</u> 月 <u>16</u> 日 <u>14</u> 时 <u>30</u> 分

值守负责人签名：庚××

11.【值守结束时间】

值守结束时间应在发电车退出运行之前，并由值守负责人签名。

12. 备注

_____

_____

12.【备注】

其他需要交代或需要记录的事项。

配电第一种工作票

【票种选择】

本次作业为配网发电作业停机及电缆拆除工作，使用配电第一种工作票。

单 位：××公司　　　　编 号：<u>配 D2024××××004</u>

1. 工作负责人：<u>甲××</u>　　**班 组：**<u>配电一班</u>

1.【班组】

对于包含工作负责人在内有两个及以上的班组人员共同进行的工作，应填写"综合班组"。

2. 工作班成员（不包括工作负责人）

<u>乙××、丙××、丁××</u>

_____

共 <u>3</u> 人

2.【工作班人员】

人员应取得准入资质，安排的人员应进行承载力分析，确保人数适当、充足；如有特种作业应安排具备相应资质的特种作业人员。不同单位需分行填写。

3. 停电线路或设备名称（多回线路应注明双重称号）

<u>10kV 石油 123 线花园新村 1 号变电所：备用 101 开关后段。</u>

3.【停电线路或设备名称（多回线路应注明双重称号）】

（1）填写停电的配电线路电压等级、名称（多回线路应注明双重称号）、设备双重名称、起止杆号。

（2）填写停电的环网柜、开关站、箱式变压器等配电设备的电压等级、双重名称或停电范围。

（3）若全线（包括支线）停电，填写主线和支线。
（4）填写的配电线路名称、设备双重名称应与现场相符（包括电压等级）。

4. 工作任务

工作地点或设备［注明变（配）电站、线路名称、设备双重名称及起止杆号或台区名称］	工作内容
10kV 石油 123 线花园新村 1 号变电所：备用 101 开关	确认发电车停机，操作电源已断开后，拆除发电车电缆

5. 计划工作时间

自 <u>2024</u> 年 <u>04</u> 月 <u>16</u> 日 <u>07</u> 时 <u>00</u> 分至 <u>2024</u> 年 <u>04</u> 月 <u>16</u> 日 <u>17</u> 时 <u>00</u> 分。

6. 安全措施

6.1　调控或运维人员完成的安全措施	已执行
（1）10kV 石油 123 线：花园新村 1 号变电所：应拉开备用 101 开关	
（2）10kV 石油 123 线：花园新村 1 号变电所：应拉开备用 101 开关操作电源开关	
（3）10kV 石油 123 线：花园新村 1 号变电所：在备用 101 开关操作部位挂"禁止合闸，有人工作！"标示牌	
（4）10kV 石油 123 线：花园新村 1 号变电所：应合上备用 1014 接地刀闸	
（5）10kV 石油 123 线：花园新村 1 号变电所：应在备用 1014 接地刀闸操作部位挂"禁止分闸！"标示牌	

6.2　工作班完成的安全措施	已执行
（1）10kV 石油 123 线：花园新村 1 号变电所：应在备用 101 开关电缆出线间隔上悬挂"在此工作！"标示牌，在其相邻有电间隔挂设红布幔，并装设围栏并悬挂"止步，高压危险！"标示牌	
（2）应在 10kV 石油 123 线：花园新村 1 号变电所高压柜工作现场设置临时围栏，在围栏上挂"止步、高压危险！"标示牌，并在围栏入口处挂"在此工作！"和"从此进出！"标示牌	

4.【工作任务】
【工作地点或设备［注明变（配）电站、线路名称、设备双重名称及起止杆号或台区名称］】配电线路工作：填写工作线路（包括有工作的分支线路等）电压等级、名称（同杆双回或多回线路应注明线路位置称号）、工作线段起止杆号。
【工作内容】
（1）工作内容应填写明确，术语规范。
（2）应写明工作性质、内容（如：电缆接入、电缆拆除、一次并网发电、短停发电等）。

5.【计划工作时间】
填写发电作业起始时间和结束时间，该时间应在调度批准的发电作业时间段内。

6.【安全措施】
6.1 调控或运维人员［变（配）电站、发电厂］应采取的安全措施
（1）填写涉及的变（配）电站或线路名称以及由调控或运维人员操作的各侧（包括变电站、配电站、用户站、各分支线路）断路器（开关）、隔离开关（刀闸）、熔断器，自动化设备控制电源、操作电源。
（2）填写变（配）电站内、线路上应合接地刀闸或应装接地线、应装绝缘挡板的编号和确切位置。
（3）填写变（配）电站内应装设遮栏以及应挂标示牌的名称和地点以及防止二次回路误碰等措施。
（4）变（配）电站内和线路上均需采取安全措施时，为便于区分，将变（配）电站内应采取的安全措施排在前面，线路上应采取的安全措施排在后面。
【已执行】以上安全措施完成后，工作负责人在接受许可时，应与工作许可人逐项核对确认并打"√"。
6.2 工作班完成的安全措施
（1）填写需要工作班组确认的发电车工作状态。
（2）填写需要工作班操作停电的配电变压器及用户名称、应装设的遮栏（围栏）、交通警示牌等。
如：应拉开 10kV×线×配电变压器低压侧开关；在综合配电箱柜门把手上悬挂"禁止合闸，线路有人工作！"标示牌；在×处装设围栏……没有则填写"无"。
【已执行】以上安全措施完成后，工作负责人在接受许可时，应与工作许可人逐项核对确认并打"√"。
6.3 工作班装设（或拆除）的接地线线路名称或设备双重名称和装设位置
（1）填写应装设工作接地线（包括 0.4kV）的确切位置、地点；如 10kV×线×号杆支线侧。
（2）各工作班工作地段两端和有可能送电到停电线路的分支线（包括用户）都要挂接地线。

6.3 工作班装设（或拆除）的接地线

线路名称、设备双重名称、装设位置	接地线编号	装拆情况		
无		装设人	监护人	装设时间
		拆除人	监护人	拆除时间
		装设人	监护人	装设时间
		拆除人	监护人	拆除时间

6.4 配合停电应采取的安全措施	已执行
无	

6.5 保留或邻近的带电线路、设备

10kV 石油 123 线：花园新村 1 号变电所：应在备用 101 开关间隔上桩头、10kV 母线及相邻花园新村 2 号变 112 开关间隔、2 号配电变压器 102 开关间隔有电。

6.6 其他安全措施和注意事项

（1）应认清停电线路和间隔的双重名称，确认无误后方可作业。

（2）注意核对开关状态以及线路相位。

（3）现场作业人员正确佩戴安全帽。

（4）邻近道路及厂区门口，应设置醒目警示标志，设置围栏加强监护。

（5）电缆井打开时设安全围栏，防止行人意外跌落，在运行电缆沟里施工，对运行电缆做好防护，防止破坏电缆绝缘保护层，工作中与运行电缆保持 0.7m 及以上安全距离，加强监护。

（6）工作中人体应与 10kV 带电设备保持 0.7m 及以上的安全距离，注意

（3）配合停电的交叉跨越或邻近线路，在线路的交叉跨越或邻近处附近应装设一组接地线；配合停电的同杆（塔）架设线路装设接地线要求与检修线路相同。

（4）工作地段无法装设工作接地线的，且与运维人员装设的接地线（接地刀闸）之间未连有断路器（开关）或熔断器，则运维人员装设的接地线（接地刀闸）可借用为工作接地线使用，不需要在本栏内再填写。

（5）若工作范围内均借用运维人员装设的接地线（接地刀闸）作为工作接地线使用，则本栏填写"无"。

【接地线编号】

（1）填写应装设的工作接地线（包括 0.4kV）的编号及电压等级。例：#01（10kV）。

（2）同一编号接地线不得重复。分段工作，同一编号的接地线可分段重复使用。

（3）接地线编号在装设好接地线后由工作负责人在现场填写。

【装设人、拆除人、监护人】装设、拆除接地线应有人监护，工作负责人将装设人、拆除人和监护人由工作负责人现场填写在工作票上，监护人利用手机拍摄的照片或者打印工作票 6.3 栏目页作为书面依据，装设（拆除）接地线结束时，监护人及时向工作负责人汇报，由工作负责人在工作票上记下装设（拆除）时间。

【装设时间、拆除时间】

（1）工作负责人依据现场工作班成员装设或拆除接地线完毕的时间填写。装设时间应在工作许可并完成安全交底之后，下达开始工作命令之前；拆除时间应在工作终结时间之前。

（2）分段装设的接地线应根据工作区段转移情况逐段填写。

（3）接地线装、拆时间填写应采用 24 小时制，填写年、月、日、时、分，如：2023 年 07 月 31 日 14 时 06 分。

6.4 配合停电线路应采取的安全措施

填写由非调控或运维人员负责的配合停电的线路名称及应断开的断路器（开关）、隔离开关（刀闸）、熔断器，应合上的接地刀闸或应装设的操作接地线。没有则填写"无"。

6.5 保留或邻近的带电线路、设备

应注明工作地点或地段保留或邻近的带电线路、设备的电压等级、双重名称及杆（塔）号，主要填写以下内容：

（1）邻近或交叉跨越的带电线路、设备名称（双重称号）。

（2）发电厂、变电站出口停电线路两侧的邻近带电线路。

（3）与工作地段邻近、平行或交叉且有可能误登误触的带电线路及设备。

（4）拉开后一侧有电、一侧无电的配电设备。如柱上开关、闸刀、跌落保险等。

（5）变（配）电站、开关站内的配电设备工作，应填写工作地点及周围所保留的带电部位、带电设备名称。工作地点的低压交直流电源也应注明和交代清楚。

（6）没有则填写"无"。

6.6 其他安全措施和注意事项

根据工作现场的具体情况而采取的一些安全措施或有关安全注意事项。

如：装设个人保安接地线；在杆下装设临时围栏；防止倒杆应设临时拉线；线路交叉处、邻近带电设备的安全距离提示；起重作业、高处作

安全，严格监护。

（7）进入有限空间内作业，应先通风 30min 排浊气体，经检测合格后方可工作，并悬挂有限空间内工作警示牌，严格执行先通风、再监测、后作业的安全措施，持续通风，持续监测，每隔 2h 检测 1 次，施工中断后复工前重新监测，设专人监护。

（8）电缆必须在施工前核准相位并做好相应相色标志。

6.7　其他安全措施和注意事项补充（由工作负责人或工作许可人填写）

_____

工作票签发人签名：<u>姚××</u>　　<u>2024</u> 年 <u>04</u> 月 <u>15</u> 日 <u>08</u> 时 <u>10</u> 分

工作票会签人签名：<u>秦××</u>　　<u>2024</u> 年 <u>04</u> 月 <u>15</u> 日 <u>15</u> 时 <u>40</u> 分

工作负责人签名：<u>甲××</u>　　<u>2024</u> 年 <u>04</u> 月 <u>15</u> 日 <u>16</u> 时 <u>44</u> 分

7. 工作许可

许可内容	许可方式	工作许可人	工作负责人签名	许可工作时间
10kV 石油 123 线花园新村 1 号变电所：备用 101 开关出线侧	当面	己××	甲××	2024 年 04 月 16 日 15 时 15 分

8. 现场交底，工作班成员确认工作负责人布置的工作任务、人员分工、安全措施和注意事项并签名：

<u>乙××、丙××、丁××、戊××</u>

9. <u>2024</u> 年 <u>04</u> 月 <u>16</u> 日 <u>15</u> 时 <u>30</u> 分工作负责人确认工作票所列当前工作所需的安全措施全部执行完毕，下令开始工作。

10. 工作任务单登记

工作任务单编号	工作任务	小组负责人	工作许可时间	工作结束报告时间
无				

右栏注释：

业、有限空间作业、电气试验作业、放线撒线作业等现场的安全注意事项；在道路上放置提醒来往车辆和行人注意安全的交通警示牌等；安全措施均应在发电车停机后执行。

6.7 其他安全措施和注意事项补充（由工作负责人或工作许可人填写）
工作负责人或工作许可人根据现场的实际情况，补充安全措施和注意事项。无补充内容时填写"无"。
【工作票签发人签名、工作负责人签名】确认工作票 1~6.7 项无误后，工作票签发人和工作负责人在签名栏内签名，并在时间栏内填入相应时间。"双签发"时应履行同样手续。

7.【工作许可】
（1）工作许可人和工作负责人分别在各自收执的工作票上填写许可的线路或设备名称、许可方式、工作许可人、工作负责人、许可工作时间。
（2）同一时间、相同停电范围，有多家单位或同一单位的不同班组分别持票进行施工作业时，设备运维管理单位指派的工作许可人应为同一人。
（3）各工作许可人应在完成工作票所列由其负责的停电和装设接地线等安全措施后，方可发出许可工作的命令。
【许可方式】配网发电作业应采取现场当面许可。许可过程均应做好录音。
【工作许可时间】工作许可时间不得早于计划工作开始时间。

8.【现场交底签名】
工作班成员在明确了工作负责人和小组负责人交代的工作内容、人员分工、带电部位、现场布置的安全措施和工作的危险点及防范措施后，每个工作班成员在工作负责人所持工作票的本栏签名，不得代签。

9.【下令开始工作】
工作负责人确认工作票所列当前工作所需的安全措施一栏的时间，应为调度运维以及工作班所做的安全措施全部执行完毕之后，下令开始工作的时间。

10.【工作任务单登记】
若一张工作票下设多个小组工作，应将所有工作任务单编号、工作任务、小组负责人、工作许可时间、工作结束报告时间。没有则"无"。

11. 人员变更

11.1 工作负责人变动情况：原工作负责人_____离去，变更_____为工作负责人。

工作票签发人：_____　　　____年__月__日__时__分

原工作负责人签名确认：_____

新工作负责人签名确认：_____　　　____年__月__日__时__分

11.2 工作人员变动情况。

新增人员	姓名						
	变更时间						
	工作负责人签名						
离开人员	姓名						
	变更时间						
	工作负责人签名						

12. 工作票延期

有效期延长到____年__月__日__时__分。

工作负责人签名：_____　　　__年__月__日__时__分

工作许可人签名：_____　　　____年__月__日__时__分

13. 每日开工和收工时间（使用一天的工作票不必填写）

收工时间	工作负责人	工作许可人	开工时间	工作负责人	工作许可人

14. 工作终结

14.1 工作班现场所装设接地线（接地刀闸）共 **0** 组、个人保安线共 **0** 组已全部拆除，工作班布置的其他安全措施已恢复，工作班人员已全部撤离现场，材料工具已清理完毕，杆塔、设备上已无遗留物。

11.【人员变更】

11.1 工作负责人变动情况

（1）工作票签发人同意，在工作票上填写离去和变更的工作负责人姓名及变动时间，同时通知全体作业人员及工作许可人。

（2）工作票签发人无法当面办理，应通过电话通知工作许可人，由工作许可人和原工作负责人在各自所持工作票上填写工作负责人变更情况，并代工作票签发人签名。

（3）工作负责人的变动必须是在该工作票许可之后，如在工作票许可之前需变更工作负责人，则应由工作票签发人重新签发工作票。

11.2 工作人员变动情况

（1）班组人员每次发生变动，工作负责人要在工作票上即时注明变动情况（变更人员姓名、变更时间）并签名，不得最后一并签名。

（2）新增人员在明确了工作内容、人员分工、带电部位、现场安全措施和工作的危险点及防范措施，在工作负责人所持工作票第8栏签名确认后方可参加工作。

12.【工作票延期】

工作需延期，应在工作计划结束时间前由工作负责人向工作许可人提出申请，办理延期手续。工作票只能延期一次。

13.【每日开工和收工时间】

（1）填写每日收工时间及次日开工时间，工作负责人、工作许可人分别签名确认。

（2）每日收工，工作负责人应得到小组负责人或全部工作班成员当日工作结束的报告，开好收工会并全部撤离工作现场后，向许可人汇报；次日复工时，工作负责人应经许可人同意并重新复核安全措施无误后方可工作。

（3）涉及多名工作许可人的工作，各工作许可人均应与工作负责人分别填写。

14.【工作终结】

（1）填写拆除的所有工作接地线和个人保安线数量。

1）工作结束后，工作负责人（包括小组负责人）应检查工作地段的状况，确认没有遗留个人保安线和其他工具、材料，工作人员确已撤离，并经验收合格后方可命令拆除工作接地线等安全措施。

14.2　工作终结报告。

终结内容	报告方式	工作许可人	工作负责人签名	终结报告时间
10kV 石油 123 线花园新村 1 号变电所：备用 101 开关出线侧	当面	己××	甲××	2024 年 04 月 16 日 16 时 00 分

15. 工作票终结

已拆除工作许可人现场所挂　无（编号）接地线共　0　组；已拉开　10kV 花园新村 1 号变电所：备用 1014 接地刀闸（编号）接地刀闸共　1　副。

工作票于 2024 年 04 月 16 日 16 时 00 分结束。

工作许可人：己××

16. 备注

16.1　指定专责监护人乙××负责监护丙××、丁××进行 10kV 石油 123 线花园新村 1 号变电所备用 101 开关出线侧电缆拆除。

（地点及具体工作。）

16.2　其他事项。

无。

2）接地线拆除后，任何人不得再登杆工作或在设备上工作。

（2）工作终结报告。

1）工作终结后，工作负责人应及时报告工作许可人，若有其他单位的设备配合停电，还应及时通知配合停电设备运行管理单位的停电联系人。工作终结报告应当面进行。

2）报告结束后，工作许可人和工作负责人分别在各自收执的工作票上填写终结的线路或设备的名称、报告方式、工作负责人、工作许可人和终结报告时间，办理工作终结手续。工作一旦终结，任何工作人员不得进入工作现场。

15.【工作票终结】

（1）填写拆除由工作许可人负责装设的接地线和接地刀闸编号、数量，以及工作票的终结时间。确认接地线和接地刀闸都已经拆除后，工作许可人签名。

（2）若不涉及接地线或接地闸刀，应在编号栏填"无"，在数量栏填"0"组（副），不得空白。

（3）拉开的接地刀闸编号栏应填写双重名称。

（4）工作票终结前，工作许可人在接到所有工作负责人的完工报告，实地检查确认停电范围内所有工作已结束，所有人员已撤离，所有接地线已拆除，与记录簿核对无误并做好记录后，方可下令拆除各侧安全措施。

（5）该项内容只需工作许可人所持票面填写。涉及多名工作许可人的工作票，各工作许可人负责各自所装设的接地线（接地刀闸）的拆除情况。

16.【备注】

16.1 指定监护人

注明指定专责监护人、被监护人、负责监护地点及具体工作。如"指定专责监护人张三负责监护李四在 10kV×线×杆进行×工作"。

16.2 其他事项

其他需要交代或需要记录的事项。

1.3　低压综合配电箱（JP 柜）一次并网二次短停发电作业

一、作业场景情况

（一）工作场景

10kV 麻纺 125 线花园街 32 号环网柜更换，湖塘农行支线 1 号杆湖塘农行配电变压器（简称配变）低压负载无法转供，满足一次并网条件，不满足二次并网条件，0.4kV JP 柜母排后段可通过低压发电车进行供电（低压带电接入），工作结束后需短停恢复市电供电。

（二）工作任务

电缆接入：10kV 麻纺 125 线湖塘农行支线 1 号杆：湖塘农行配变 0.4kV JP 柜低压母排侧搭接发电柔性电缆。

发电转供：低压发电车并网，转供负载。

发电退出：低压发电车卸载，退出电网。

电缆退出：10kV 麻纺 125 线湖塘农行支线 1 号杆：湖塘农行配变 0.4kV JP 柜低压母排侧拆除发电柔性电缆。

（三）票种选择

配电带电作业工作票（接入）+配网发电作业值守任务单+配电带电作业工作票（拆除）。

（四）人员分工及安排

本次工作有 2 个作业地点，4 道作业工序，需按序开展，依次为：①接入电缆；②发电车并网发电；③发电车停机；④拆除电缆。参与本次工作的共 5 人（含工作负责人），具体分工为：

作业点 1（10kV 麻纺 125 线湖塘农行支线 1 号杆：湖塘农行配变 0.4kV JP 柜低压母排侧）。

甲××（配电带电作业票工作负责人）：负责电缆带电接入、停电拆除过程把控与监护。

乙××（专责监护人）：负责对丙××、丁××、戊××进行监护。

丙××、丁××、戊××（工作班成员）：接入/拆除发电柔性电缆。

作业点 2（低压发电车）。

甲××（值守工作负责人）：负责对戊××操作发电车辆进行监护。

戊××（发电车值守工作人员）：负责发电车辆发电操作以及发电过程中值守。

（五）场景接线图

低压 JP 柜一次并网二次短停发电作业场景接线图见图 1-3。

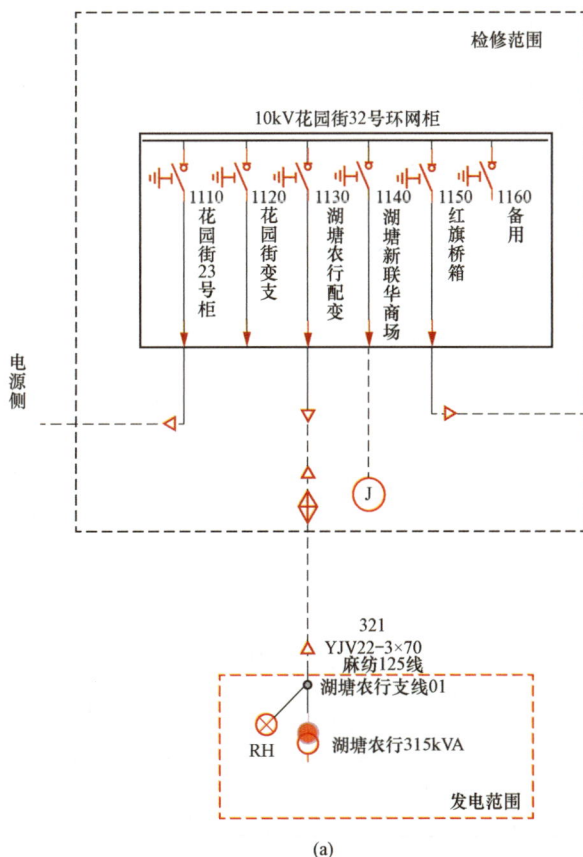

(a)

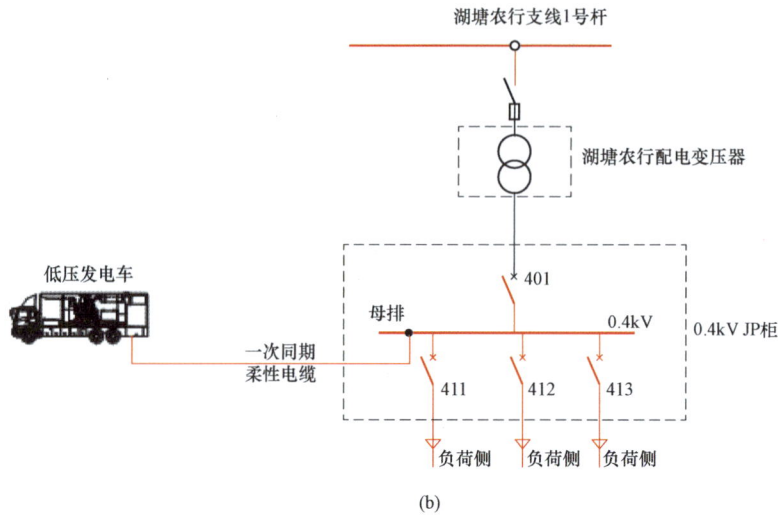

图 1-3　低压 JP 柜一次并网二次短停发电作业场景接线图
（a）示意图；（b）接线图

二、工作票样例

配电带电作业工作票

单　位：××公司　　　　　编　　号：配 D2024×××001

1. 工作负责人：甲××　　　　　班　　组：不停电作业一班

2. 工作班成员（不包括工作负责人）

乙××、丙××、丁××、戊××

共 4 人

3. 工作任务

线路名称或设备双重名称	工作地点	工作内容及人员分工	监护人
10kV 麻纺 125 线湖塘农行支线	0.4kV 低压发电车	发电车电缆展放及发电车侧电缆接入。 电缆接入发电车：丙××。 辅助电工：戊××	甲××

【票种选择】
本次作业为低压配网发电作业电缆接入工作，使用配电带电作业工作票。

1.【班组】
对于包含工作负责人在内有两个及以上的班组人员共同进行的工作，应填写"综合班组"。
2.【工作班人员】
人员应取得准入资质，安排的人员应进行承载力分析，确保人数适当、充足；如有特种作业应安排具备相应资质的特种作业人员。不同单位需分行填写。

3.【工作任务】
【线路名称或设备双重名称】填写工作线路电压等级、双重名称。
【工作地点】填写工作地段起止杆号。
【工作内容及人员分工】
（1）工作内容应填写明确，术语规范。
（2）应写明工作性质、内容（如：电缆展放、电缆接入、电缆拆除等）。
（3）带电作业需明确斗内电工及地面电工人员分工及相应监护人。
【监护人】应注明指定工作任务的监护人。

续表

线路名称或设备双重名称	工作地点	工作内容及人员分工	监护人
10kV 麻纺 125 线湖塘农行支线	10kV 麻纺 125 线湖塘农行支线湖塘农行配变 0.4kV JP 柜	湖塘农行配变 0.4kV JP 柜母排发电车柔性电缆带电接入。 电缆接入 JP 柜母排：丁××。 辅助电工：戊××	乙××

4. 计划工作时间

自 2024 年 04 月 26 日 07 时 00 分至 2024 年 04 月 26 日 17 时 00 分。

5. 安全措施

5.1　调控或运维人员应采取的安全措施：

线路名称、设备双重名称	是否需要停用重合闸	作业点负荷侧需要停电的线路、设备	应装设的安全遮栏（围栏）和悬挂的标示牌
无			

5.2　其他危险点预控措施和注意事项：

（1）应确认作业线路和设备的双重名称无误后方可作业。

（2）户外低压不停电作业应在良好的天气下进行。如遇雷、雨、雪、大雾等不良天气，不应带电作业。相对湿度大于 80%的天气，若需进行不停电作业，应采用具有防潮性能的绝缘工具，带电作业过程中若遇天气突然变化，有可能危及人身及设备安全时，应立即停止工作；在保证人身安全的情况下，尽快恢复设备正常状况，或采取其他措施。

（3）对人体可能触及范围内的低压线支承件、金属紧固件、横担等构件以及带电导体进行验电，确认无漏电现象。验电时，作业人员应与带电导体保持距离。低压带电导线或漏电的金属构件未采取绝缘遮蔽或隔离措施时，不得穿越或碰触。

（4）电缆必须在施工前核准相位并做好相应相色标志。

4.【计划工作时间】
填写发电作业起始时间和结束时间，该时间应在调度批准的发电作业时间段内。

5.【安全措施】
5.1 调控或运维人员应采取的安全措施
填写涉及的变（配）电站或线路名称以及由调控操作的需要停用的重合闸；若带电作业需要停用负荷侧相关线路或设备，应填入相应线路或设备的双重名称，以及装设安全遮栏或悬挂示牌的地点。

5.2 其他危险点预控措施和注意事项
根据工作现场的具体情况而采取的一些安全措施或有关安全注意事项。
如：带电作业相关安全措施；发电车辆及发电电缆相关安全措施；装设个人保安接地线；在杆下装设临时围栏；防止倒杆应设临时拉线；线路交跨处、邻近带电设备的安全距离提示；起重作业、高处作业、有限空间作业、电气试验作业、放线撤线作业等现场的安全注意事项；在道路上放置提醒来往车辆和行人注意安全的交通警示牌等。

（5）带电接电缆时应严格按照"先零线、后相线"的顺序。

（6）发电车进入作业场地停放后在周围需装设围栏，并在围栏悬挂"止步，高压危险！"标示牌，发电作业中车体应使用不小于 25mm² 的软铜线良好接地。

（7）柔性电缆应敷设在防潮毡布上，并在周围设置围栏，围栏上悬挂"止步，高压危险！"标示牌。

（8）使用钳形电流表测量发电电缆载流量或定相仪定相时，应戴绝缘手套。

工作票签发人签名：<u>姚××</u>　<u>2024</u> 年 <u>04</u> 月 <u>25</u> 日 <u>08</u> 时 <u>06</u> 分

工作票会签人签名：<u>金××</u>　<u>2024</u> 年 <u>04</u> 月 <u>25</u> 日 <u>15</u> 时 <u>38</u> 分

工作负责人签名：<u>甲××</u>　<u>2024</u> 年 <u>04</u> 月 <u>25</u> 日 <u>16</u> 时 <u>42</u> 分

6. 确认本工作票 1～5 项正确完备，许可工作开始

许可的线路、设备	许可方式	工作许可人	工作负责人签名	许可工作时间
10kV 麻纺 125 线湖塘农行支线 1 号杆	当面	己××	甲××	2024 年 04 月 26 日 07 时 15 分

7. 现场补充的安全措施

无。

8. 现场交底，工作班成员确认工作负责人布置的工作任务、人员分工、安全措施和注意事项并签名：

乙××、丙××、丁××、戊××

9. <u>2024</u> 年 <u>04</u> 月 <u>26</u> 日 <u>07</u> 时 <u>20</u> 分工作负责人下令开始工作。

10. 人员变更

10.1　工作负责人变动情况：原工作负责人_____离去，变更_____为工作负责人。

【工作票签发人签名、工作负责人签名】确认工作票 1～5.2 项无误后，工作票签发人和工作负责人在签名栏内签名，并在时间栏内填入相应时间。"双签发"时应履行同样手续。

6.【工作许可】
（1）工作许可人和工作负责人分别在各自收执的工作票上填写许可的线路或设备名称、许可方式、工作许可人、工作负责人、许可工作时间。
（2）同一时间、相同停电范围，有多家单位或同一单位的不同班组分别持票进行施工作业时，设备运维管理单位指派的工作许可人应为同一人。
（3）各工作许可人应在完成工作票所列由其负责的停电和装设接地线等安全措施后，方可发出许可工作的命令。
【许可方式】配网发电作业应采取现场当面许可。许可过程均应做好录音。
【工作许可时间】工作许可时间不得早于计划工作开始时间。

7.【现场补充的安全措施】
工作负责人或工作许可人根据现场的实际情况，补充安全措施和注意事项。无补充内容时填写"无"。

8.【现场交底签名】
工作班成员在明了了工作负责人和小组负责人交代的工作内容、人员分工、带电部位、现场布置的安全措施和工作的危险点及防范措施后，每个工作班成员在工作负责人所持工作票的本栏签名，不得代签。

9.【下令开始工作】
工作负责人确认工作票所列当前工作所需的安全措施一栏的时间，应为调度运维以及工作班所做的安全措施全部执行完毕之后，下令开始工作的时间。

10.【人员变更】
10.1 工作负责人变动情况
（1）工作票签发人同意，在工作票上填写离去和变更的工作负责人姓名及变动时间，同时通知全体作业人员及工作许可人。

工作票签发人：＿＿＿＿＿＿　　＿＿＿＿年＿＿月＿＿日＿＿时＿＿分

原工作负责人签名确认：＿＿＿＿＿＿

新工作负责人签名确认：＿＿＿＿＿＿　＿＿＿＿年＿＿月＿＿日＿＿时＿＿分

10.2　工作人员变动情况。

新增人员	姓名						
	变更时间						
	工作负责人签名						
离开人员	姓名						
	变更时间						
	工作负责人签名						

11. 工作票延期

有效期延长到＿＿＿＿年＿＿月＿＿日＿＿时＿＿分。

工作负责人签名：＿＿＿＿＿＿　　＿＿＿＿年＿＿月＿＿日＿＿时＿＿分

工作许可人签名：＿＿＿＿＿＿　　＿＿＿＿年＿＿月＿＿日＿＿时＿＿分

12. 工作终结

12.1　工作班人员已全部撤离现场，工具、材料已清理完毕，杆塔、设备上已无遗留物。

12.2　工作终结报告。

终结的线路或设备	报告方式	工作许可人	工作负责人签名	终结报告时间
10kV 麻纺 125 线湖塘农行支线 1 号杆	当面	己××	甲××	2024 年 04 月 26 日 08 时 00 分

13. 备注

现场实测风速：5 m/s；湿度：30%。

（2）工作票签发人无法当面办理，应通过电话通知工作许可人，由工作许可人和原工作负责人在各自所持工作票上填写工作负责人变更情况，并代工作票签发人签名。

（3）工作负责人的变动必须是在该工作票许可之后，如在工作票许可之前需变更工作负责人，则应由工作票签发人重新签发工作票。

10.2 工作人员变动情况

（1）班组人员每次发生变动，工作负责人要在工作票上即时注明变动情况（变更人员姓名、变更时间）并签名，不得最后一并签名。

（2）新增人员在明确了工作内容、人员分工、带电部位、现场安全措施和工作的危险点及防范措施，在工作负责人所持工作票第8栏签名确认后方可参加工作。

11.【工作票延期】

工作如需延期，应在工作计划结束时间前由工作负责人向工作许可人提出申请，办理延期手续。工作票只能延期一次。

12.【工作终结】

工作结束后，工作负责人（包括小组负责人）应检查工作地段的状况，确认没有遗留个人保安线和其他工具、材料，全部工作人员已撤离，并经验收合格后方可命令拆除工作接地线等安全措施。（做针对性优化说明）

【工作终结报告】

（1）工作终结后，工作负责人应及时报告工作许可人，若有其他单位的设备配合停电，还应及时通知配合停电设备运行管理单位的停电联系人。工作终结报告应当面进行。

（2）报告结束后，工作许可人和工作负责人分别在各自收执的工作票上填写终结的线路或设备的名称、报告方式、工作负责人、工作许可人和终结报告时间，办理工作终结手续。工作一旦终结，任何工作人员不得进入工作现场。

13.【备注】

（1）开工前根据温湿度计、风速仪填写现场实际风速、湿度。

（2）注明指定带电作业专责监护人、被监护人、负责监护地点及具体工作。

配网发电作业值守任务单

单　位：××公司　　　　任务单编号：值D2024××××001

1. 值守负责人： 甲××

2. 值守人员： 戊××

共 1 人

3. 值守地点及任务

值守地点	值守任务
10kV 麻纺 125 线湖塘农行支线 1 号杆：湖塘农行配变 0.4kV JP 柜	发电作业及发电车运行保障

4. 车辆进、离场时间

自 2024 年 04 月 26 日 06 时 30 分发电车辆进场；

至 2024 年 04 月 26 日 15 时 45 分发电车辆离场。

5. 许可并、离网时间

2024 年 04 月 26 日 08 时 10 分许可发电车辆并网；

2024 年 04 月 26 日 14 时 05 分许可发电车辆离网。

6. 计划值守时间

自 2024 年 04 月 26 日 08 时 00 分至 2024 年 04 月 26 日 15 时 00 分。

值守负责人签名： 甲×× 　　　　　　2024 年 04 月 25 日 15 时 30 分

7. 值守开始时间： 2024 年 04 月 26 日 08 时 15 分

值守负责人签名： 甲××

【票种选择】
本次作业为配网发电作业值守工作，使用发电作业值守任务单。任务单编号按照"值 Dyyyy-mm-dd-×××"格式编号，例如：值 D20240601001。

1.【值守负责人】
值守负责人应熟悉本次发电作业全流程，由经验丰富的发电作业人员担任。

2.【值守人员】
值守人员应取得准入资质，且应熟悉发电车辆操作，能够处理发电车辆异常情况。

3.【值守地点及任务】
【值守地点】填写工作线路（包括有工作的分支线路等）电压等级、名称（同杆双回或多回线路应注明线路位置称号）、工作地段起止杆号。
【值守任务】
（1）工作内容应填写明确，术语规范。
（2）应写明工作性质、内容（如：发电车保障运行、发电车异常情况处理等）。

4.【车辆进、离场时间】
填写发电车辆到达、离开工作地点的时间。

5.【许可并、离网时间】
填写现场得到工作许可人许可后，发电车完成并网接入并开始发电、停止发电并离网退出的时间。

6.【计划值守时间】
填写发电值守起始时间和结束时间，该时间可与整体发电作业时间同期。
【值守负责人签名】确认任务单 1～4 项无误后，值守负责人在签名栏内签名，并在时间栏内填入相应时间。

7.【值守开始时间】
值守开始时间不得早于发电作业接入及并网作业结束时间，并由值守负责人签名。

8. 异常情况及采取的措施

发电作业异常情况	采取的措施	执行人
无		

9. 关键信息记录

记录时间	发电机组出力 （kW）	发电量 （kWh）	耗油量/电量 （L/kWh）
2024 年 04 月 26 日 08 时 30 分	151	80	15
2024 年 04 月 26 日 09 时 00 分	167	150	18
2024 年 04 月 26 日 09 时 30 分	174	230	17
2024 年 04 月 26 日 10 时 00 分	153	320	15
2024 年 04 月 26 日 10 时 30 分	187	410	18
2024 年 04 月 26 日 11 时 00 分	193	500	20
2024 年 04 月 26 日 11 时 30 分	208	590	21
2024 年 04 月 26 日 12 时 00 分	199	670	23
2024 年 04 月 26 日 12 时 30 分	186	750	22
2024 年 04 月 26 日 13 时 00 分	205	830	24

8.【异常情况及采取的措施】

【发电作业异常情况】应填写发电作业过程中发生的异常情况（如：发电车停机、发电电压过低/高、发电车油量/电量不足等）。

【采取的措施】应填写在发电作业发生异常情况时，值守人员采取的应急措施，包括：重启车辆、调整电压、加注燃油等。

【执行人】应由执行应急措施人员签名确认。

9.【关键信息记录】

应填写发电机组出力、发电量、剩余油量等关键信息，每隔 30min 记录 1 次。

续表

记录时间	发电机组出力 （kW）	发电量 （kWh）	耗油量/电量 （L/kWh）
2024 年 04 月 26 日 13 时 30 分	183	900	19
2024 年 04 月 26 日 14 时 00 分	169	960	16

10. 人员变更

10.1 值守负责人变动情况：原值守负责人_____离去，变更_____为值守负责人。

变更许可人：_____　　　　　_____年___月___日___时___分

原值守负责人签名确认：_____

新值守负责人签名确认：_____　　　_____年___月___日___时___分

10.2 值守人员变动情况。

新增 人员	姓名					
	变更时间					
	值守负责人签名					
离开 人员	姓名					
	变更时间					
	值守负责人签名					

11. 值守结束时间

<u>2024</u> 年 <u>04</u> 月 <u>26</u> 日 <u>14</u> 时 <u>02</u> 分

值守负责人签名：甲××

12. 备注

_____

_____

10.【人员变更】
值守工作过程中，发生值守人员变动，应征得值守负责人同意并履行人员迁入、迁出手续；更换值守工作负责人需征得发电作业实施单位管理人员（变更许可人）同意，告知全体值守人员，在值守工作任务单中做好记录。对于长时间、分多批次人员值守的保电工作，应分别填写值守工作任务单。

11.【值守结束时间】
值守结束时间应在发电车退出运行之前，并由值守负责人签名。

12.【备注】
其他需要交代或需要记录的事项。

配电带电作业工作票

单　位：××公司　　　　　编　号：配 D2024×××002

1. 工作负责人：甲×× 　　　**班　组：**不停电作业一班

2. 工作班成员（不包括工作负责人）

乙××、丙××、丁××、戊××

　　　　　　　　　　　　　　　　　　　　　　　　　共 4 人

3. 工作任务

线路名称或设备双重名称	工作地点	工作内容及人员分工	监护人
10kV 麻纺 125 线	10kV 麻纺 125 线湖塘农行支线湖塘农行配变 0.4kV JP 柜	湖塘农行配变 0.4kV JP 柜母排发电车柔性电缆带电拆除。电缆接入 JP 柜母排：丁××。辅助电工：戊××	乙××
10kV 麻纺 125 线	10kV 低压发电车	发电车侧电缆拆除，电缆回收发电车侧电缆拆除：丙××。辅助电工：戊××	甲××

4. 计划工作时间

自 2024 年 04 月 26 日 07 时 00 分至 2024 年 04 月 26 日 17 时 00 分。

5. 安全措施

5.1 调控或运维人员应采取的安全措施：

线路名称、设备双重名称	是否需要停用重合闸	作业点负荷侧需要停电的线路、设备	应装设的安全遮栏（围栏）和悬挂的标示牌
无			

【票种选择】

本次作业为低压配网发电作业电缆拆除工作，使用配电带电作业工作票。

1.【班组】

对于包含工作负责人在内有两个及以上的班组人员共同进行的工作，应填写"综合班组"。

2.【工作班人员】

人员应取得准入资质，安排的人员应进行承载力分析，确保人数适当、充足；如有特种作业应安排具备相应资质的特种作业人员。不同单位需分行填写。

3.【工作任务】

【线路名称或设备双重名称】填写工作线路电压等级、双重名称。

【工作地点】填写工作地段起止杆号。

【工作内容及人员分工】

（1）工作内容应填写明确，术语规范。

（2）应写明工作性质、内容（如：电缆展放、电缆接入、电缆拆除等）。

（3）带电作业需明确斗内电工及地面电工人员分工及相应监护人。

【监护人】应注明指定工作任务的监护人。

4.【计划工作时间】

填写发电作业起始时间和结束时间，该时间应在调度批准的发电作业时间段内。

5.【安全措施】

5.1 调控或运维人员应采取的安全措施

填写涉及的变（配）电站或线路名称以及由调控操作的需要停用的重合闸；若带电作业需要停用负荷侧相关线路或设备，应填入相应线路或设备的双重名称，以及装设安全遮栏或悬挂标示牌的地点。

续表

线路名称、设备双重名称	是否需要停用重合闸	作业点负荷侧需要停电的线路、设备	应装设的安全遮栏（围栏）和悬挂的标示牌

5.2 其他危险点预控措施和注意事项：

（1）应认清作业线路和设备的双重名称，确认无误后方可作业。

（2）户外低压不停电作业应在良好的天气下进行。如遇雷、雨、雪、大雾等不良天气，不应带电作业。相对湿度大于 80% 的天气，若需进行不停电作业，应采用具有防潮性能的绝缘工具，带电作业过程中若遇天气突然变化，有可能危及人身及设备安全时，应立即停止工作；在保证人身安全的情况下，尽快恢复设备正常状况，或采取其他措施。

（3）对人体可能触及范围内的低压线支承件、金属紧固件、横担等构件以及带电导体进行验电，确认无漏电现象。验电时，作业人员应与带电导体保持距离。低压带电导线或漏电的金属构件未采取绝缘遮蔽或隔离措施时，不得穿越或碰触。

（4）电缆必须在施工前核准相位并做好相应相色标志。

（5）带电接电缆时应严格按照"先零线、后相线"的顺序。

（6）发电车进入作业场地停放后在周围需装设围栏，并在围栏悬挂"止步，高压危险！"标示牌，发电作业中车体应使用不小于 25mm² 的软铜线良好接地。

（7）柔性电缆应敷设在防潮毡布上，并在周围设置围栏，围栏上悬挂"止步，高压危险！"标示牌。

（8）使用钳形电流表测量发电电缆载流量或定相仪定相时，应戴绝缘手套。

工作票签发人签名： 姚×× 2024 年 04 月 25 日 08 时 06 分

工作票会签人签名： 金×× 2024 年 04 月 25 日 15 时 38 分

工作负责人签名： 甲×× 2024 年 04 月 25 日 16 时 42 分

5.2 其他危险点预控措施和注意事项
根据工作现场的具体情况而采取的一些安全措施或有关安全注意事项。
如：带电作业相关安全措施；发电车辆及发电电缆相关安全措施；装设个人保安接地线；在杆下装设临时围栏；防止倒杆应设临时拉线；线路交跨处、邻近带电设备的安全距离提示；起重作业、高处作业、有限空间作业、电气试验作业、放线撤线作业等现场的安全注意事项；在道路上放置提醒来往车辆和行人注意安全的交通警示牌等。

【工作票签发人签名、工作负责人签名】确认工作票 1～5.2 项无误后，工作票签发人和工作负责人在签名栏内签名，并在时间栏内填入相应时间。"双签发"时应履行同样手续。

6. 确认本工作票 1～5 项正确完备，许可工作开始

许可的线路、设备	许可方式	工作许可人	工作负责人签名	许可工作时间
10kV 麻纺 125 线湖塘农行支线 1 号杆	当面	己××	甲××	2024 年 04 月 26 日 14 时 40 分

7. 现场补充的安全措施

无。

_____

_____

8. 现场交底，工作班成员确认工作负责人布置的工作任务、人员分工、安全措施和注意事项并签名：

乙××、丙××、丁××、戊××

_____

_____

9. 2024 年 04 月 26 日 14 时 45 分工作负责人下令开始工作。

10. 人员变更

10.1 工作负责人变动情况：原工作负责人_____离去，变更_____为工作负责人。

工作票签发人：_____　　　　_____年__月__日__时__分

原工作负责人签名确认：_____

新工作负责人签名确认：_____　　　　_____年__月__日__时__分

10.2 工作人员变动情况。

新增人员	姓名					
	变更时间					
	工作负责人签名					
离开人员	姓名					
	变更时间					
	工作负责人签名					

6.【工作许可】

（1）工作许可人和工作负责人分别在各自收执的工作票上填写许可的线路或设备名称、许可方式、工作许可人、工作负责人、许可工作时间。

（2）同一时间、相同停电范围，有多家单位或同一单位的不同班组分别持票进行施工作业时，设备运维管理单位指派的工作许可人应为同一人。

（3）各工作许可人应在完成工作票所列由其负责的停电和装设接地线等安全措施后，方可发出许可工作的命令。

【许可方式】配网发电作业应采取现场当面许可。许可过程均应做好录音。

【工作许可时间】工作许可时间不得早于计划工作开始时间。

7.【现场补充的安全措施】

工作负责人或工作许可人根据现场的实际情况，补充安全措施和注意事项。无补充内容时填写"无"。

8.【现场交底签名】

工作班成员在明确了工作负责人和小组负责人交代的工作内容、人员分工、带电部位、现场布置的安全措施和工作的危险点及防范措施后，每个工作班成员在工作负责人所持工作票的本栏签名，不得代签。

9.【下令开始工作】

工作负责人确认工作票所列当前工作所需的安全措施一栏的时间，应为调度运维以及工作班所做的安全措施全部执行完毕之后，下令开始工作的时间。

10.【人员变更】

10.1 工作负责人变动情况

（1）工作票签发人同意，在工作票上填写离去和变更的工作负责人姓名及变动时间，同时通知全体作业人员及工作许可人。

（2）工作票签发人无法当面办理，应通过电话通知工作许可人，由工作许可人和原工作负责人在各自所持工作票上填写工作负责人变更情况，并代工作票签发人签名。

（3）工作负责人的变动必须是在该工作票许可之后，如在工作票许可之前需变更工作负责人，则应由工作票签发人重新签发工作票。

10.2 工作人员变动情况

（1）班组人员每次发生变动，工作负责人要在工作票上即时注明变动情况（变更人员姓名、变更时间）并签名，不得最后一并签名。

（2）新增人员在明确了工作内容、人员分工、带电部位、现场安全措施和工作的危险点及防范措施，在工作负责人所持工作票第8栏签名确认后方可参加工作。

11. 工作票延期

有效期延长到＿＿＿＿年＿＿月＿＿日＿＿时＿＿分。

工作负责人签名：＿＿＿＿＿　＿＿＿＿年＿＿月＿＿日＿＿时＿＿分

工作许可人签名：＿＿＿＿＿　＿＿＿＿年＿＿月＿＿日＿＿时＿＿分

12. 工作终结

12.1 工作班人员已全部撤离现场，工具、材料已清理完毕，杆塔、设备上已无遗留物。

12.2 工作终结报告。

终结的线路或设备	报告方式	工作许可人	工作负责人签名	终结报告时间
10kV 麻纺 125 线湖塘农行支线 1 号杆	当面	己××	甲××	2024 年 04 月 26 日 15 时 30 分

13. 备注

现场实测风速：5m/s；湿度：30%。＿＿＿＿＿＿＿＿＿＿＿＿＿＿＿＿＿＿＿＿

＿＿＿＿＿＿＿＿＿＿＿＿＿＿＿＿＿＿＿＿＿＿＿＿＿＿＿＿＿＿＿＿＿＿＿

11.【工作票延期】

工作如需延期，应在工作计划结束时间前由工作负责人向工作许可人提出申请，办理延期手续。工作票只能延期一次。

12.【工作终结】

工作结束后，工作负责人（包括小组负责人）应检查工作地段的状况，确认没有遗留个人保安线和其他工具、材料，全部工作人员确已撤离，并经验收合格后方可命令拆除工作接地线等安全措施。（做针对性优化说明）

【工作终结报告】

（1）工作终结后，工作负责人应及时报告工作许可人，若有其他单位的设备配合停电，还应及时通知配合停电设备运行管理单位的停电联系人。工作终结报告应当面进行。

（2）报告结束后，工作许可人和工作负责人分别在各自收执的工作票上填写终结的线路或设备的名称、报告方式、工作负责人、工作许可人和终结报告时间，办理工作终结手续。工作一旦终结，任何工作人员不得进入工作现场。

13.【备注】

（1）开工前根据温湿度计、风速仪填写现场实际风速、湿度。

（2）注明指定带电作业专责监护人、被监护人、负责监护地点及具体工作。

第2章 简单绝缘杆作业法项目

2.1 普通消缺及装拆附件

一、作业场景情况

（一）工作场景

绝缘杆作业法普通消缺及装拆附件，包括：修剪树枝、清除异物、扶正绝缘子、拆除退役设备；加装或拆除接触设备套管、故障指示器、驱鸟器等。

（二）工作任务

绝缘杆作业法带电在 10kV 云门 112 线 02 号杆修剪树枝。

确认邻近带电体间隙：根据任务要求，选择合适工作位置，确保安全距离。

做绝缘隔离措施：杆上电工根据需求，选择合适工作位置，并做好相应的绝缘隔离措施。

修剪树枝：作业人员采用绝缘操作杆法修剪树枝。

拆绝缘隔离措施：工作完毕后，拆除绝缘隔离措施。

（三）票种选择

配电带电作业工作票。

（四）人员分工及安排

本次工作有 1 个作业地点。本张工作票设置监护人 1 人，杆上人员 2 人，地面辅助人员 1 人。参与本次工作的共 4 人（含工作负责人），具体分工为：

张一（工作负责人兼任监护人）：负责工作的整体协调组织，合理安排作业人员分工，监护杆上电工张二、张三在 10kV 云门 112 线 02 号杆进行作业。

张二、张三（杆上电工）：负责用绝缘杆法修剪树枝。

张四（地面电工）：负责地面辅助工作。

（五）场景接线图

绝缘杆作业法普通消缺及装拆附件场景示意图见图 2-1。

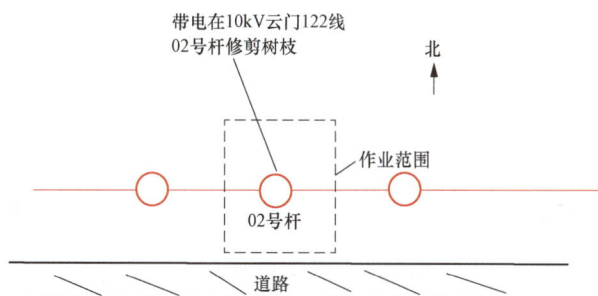

图 2-1　绝缘杆作业法普通消缺及装拆附件场景示意图

二、工作票样例

配电带电作业工作票

单　位：<u>本部不停电作业中心</u>　　编　号：<u>配 D202303001</u>

1. 工作负责人：<u>张一</u>　　　　班　组：<u>不停电作业一班</u>

2. 工作班成员（不包括工作负责人）

<u>不停电作业一班：张二、张三、张四</u>

共 <u>3</u> 人

3. 工作任务

线路名称、设备双重名称	工作地点	工作内容及人员分工	监护人
10kV 云门 112 线	02 号杆	绝缘杆作业法在 10kV 云门 112 线 02 号杆带电修剪树枝。 杆上电工：张二、张三。 地面电工：张四	张一

4. 计划工作时间

自 <u>2023</u> 年 <u>03</u> 月 <u>18</u> 日 <u>08</u> 时 <u>00</u> 分至 <u>2023</u> 年 <u>03</u> 月 <u>18</u> 日 <u>17</u> 时 <u>00</u> 分。

5. 安全措施

5.1 调控或运维人员应采取的安全措施：

线路名称、设备双重名称	是否需要停用重合闸	作业点负荷侧需要停电的线路、设备	应装设的安全遮栏（围栏）和悬挂的标示牌
10kV 云门 112 线	是	无	无

5.2 其他危险点预控措施和注意事项：

(1) 带电作业应在良好天气下进行，作业前应进行风速和湿度测量。风力大于 5 级或湿度大于 80%时，不宜带电作业。若遇雷电、雪、雹、雨、

1.【班组】

对于包含工作负责人在内有两个及以上的班组人员共同进行的工作，应填写"综合班组"。

2.【工作班成员】（不包括工作负责人）：填写除工作负责人以外的所有参与现场工作的人员。

3.【工作任务】

【线路名称、设备双重名称】统一为 10kV××线。

【工作地点】统一为××号杆。

【工作内容及人员分工】统一为绝缘手套（杆）作业法+作业方式+设备名称+作业项目；杆上（斗内）电工至少需要 2 名；地面电工至少需要 1 名。

【监护人】带电作业应有人监护。监护人不应直接操作，监护的范围不应超过一个作业点。

4.【计划工作时间】

填写计划检修起始时间和结束时间，该时间应在调度批准的检修时间段内。

5.【安全措施】

【线路名称、设备双重名称】统一为 10kV××线。

【是否需要停用重合闸】本项目作业需停用线路重合闸。

【作业点负荷侧需要停电的线路、设备】根据作业项目填写需要停电的线路、设备。对于多台配电变压器、专用变压器的停电措施应全部填写。

【应装设的安全遮栏（围栏）和悬挂的标示牌】根据停电的线路、设备填写是否需要悬挂的标示牌。

雾等不良天气，不应带电作业。带电作业过程中若遇天气突然变化，有可能危及人身及设备安全时，应立即停止工作，撤离人员，恢复设备正常状况，或采取临时安全措施。

（2）在工作地点四周装设围栏（网），入口处悬挂"从此进出""在此工作"标示牌。作业时，封闭入口，并向外悬挂"止步，高压危险"标示牌。

（3）高空作业人员应穿戴好绝缘防护用具，全程正确使用安全带，10kV绝缘操作杆有效长度应大于 0.7m，绝缘绳索有效长度应大于 0.4m，工作前应检查安全工器具、绝缘防护用具合格、齐备，工作中应正确使用。

（4）作业前应使用验电器对线路和设备进行验电，确认无漏电现象。

（5）作业过程中，不论线路是否带电，都应始终认为线路有电。

（6）作业中，人体应保持对地不小于0.4m；如不能确保该安全距离时，应采用绝缘遮蔽措施，遮蔽用具之间的重叠部分不得小于150mm。作业人员严禁同时接触不同电位，防止人体串入电路。

（7）待砍剪的树木下面、倒树范围内不应有人通过或逗留。

工作票签发人签名：<u>张六</u>　　<u>2023</u> 年 <u>03</u> 月 <u>17</u> 日 <u>14</u> 时 <u>30</u> 分

工作票会签人签名：<u>张七</u>　　<u>2023</u> 年 <u>03</u> 月 <u>17</u> 日 <u>14</u> 时 <u>40</u> 分

工作票负责人签名：<u>张一</u>　　<u>2023</u> 年 <u>03</u> 月 <u>17</u> 日 <u>14</u> 时 <u>50</u> 分

6. 工作许可

许可的线路、设备	许可方式	工作许可人	工作负责人签名	工作许可时间
10kV 云门 112 线 02 号杆	当面	张八	张一	2023 年 03 月 18 日 08 时 11 分

6.【工作许可】
【许可的线路、设备】10kV××线××号杆。
【许可方式】统一为：当面。
【工作许可人】手工签名、不得漏签、代签。
【工作负责人签名】手工签名、不得漏签、代签。
【工作许可时间】统一为××××年××月××日××时××分。

7. 现场补充的安全措施

无。

7.【现场补充的安全措施】
工作负责人及工作许可人可根据作业前现场实际情况补充相应的安全措施，如现场无需补充安全措施应填写"无"。

8. 现场交底，工作班成员确认工作负责人布置的工作任务、人员分工、安全措施和注意事项并签名：

张二、张三、张四

8.【现场交底】
所有工作班成员在明确了工作负责人、专责监护人交代的工作任务、人员分工、安全措施和注意事项后，在工作负责人所持工作票上签名，不得代签。

9. <u>2023</u> 年 <u>03</u> 月 <u>18</u> 日 <u>08</u> 时 <u>12</u> 分工作负责人下令开始工作。

10. 人员变更

10.1　工作负责人变动情况： 原工作负责人_____离去，变更_____为工作负责人。

工作票签发人：_____　　　　_____年__月__日__时__分

原工作负责人签名确认：_____

新工作负责人签名确认：_____　　　　_____年__月__日__时__分

10.2　工作人员变动情况。

新增人员	姓名					
	变更时间					
	工作负责人签名					
离开人员	姓名					
	变更时间					
	工作负责人签名					

11. 工作票延期

有效期延长到_____年__月__日__时__分。

工作负责人签名：_____　　　　_____年__月__日__时__分

工作许可人签名：_____　　　　_____年__月__日__时__分

12. 工作终结

**12.1　** 工作班人员已全部撤离现场，工具、材料已清理完毕，杆塔、设备上已无遗留物。

12.2　工作终结报告。

终结的线路或设备	报告方式	工作许可人	工作负责人签名	终结报告时间
10kV 云门 112 线 02 号杆	当面	张八	张一	2023 年 03 月 18 日 10 时 05 分

13. 备注

风速：3 级；湿度：50%。

10.【人员变更】
包括工作负责人变动及工作人员变动，根据实际工作情况据实填写。

11.【工作票延期】
工作需延期，应在工作计划结束时间前由工作负责人向工作许可人提出申请，办理延期手续。对于需经调度许可的工作，工作许可人还应得到调度许可后，方可与工作负责人办理工作票延期手续。工作票只能延期一次。

13.【备注】
风速不能大于 5 级，湿度不能大于 80%；相序和负荷电流情况，根据作业项目实际需要填写；如设置专责监护人，应填写指定的专责监护人监护的人员、地点及工作内容。

2.2 带电更换避雷器

一、作业场景情况

（一）工作场景

绝缘杆作业法带电更换避雷器。

（二）工作任务

绝缘杆作业法带电更换 10kV 云门 112 线 02 号杆避雷器。

检查作业点后段无接地：检查作业点后段无接地，可以采取人员现场确认或仪表测定两种检查形式。

安装绝缘隔离：杆上电工相互配合视情况做绝缘隔离。

断三相避雷器上引线：杆上电工相互配合，按照"近—远—中"的顺序使用绝缘操作杆拆开三相避雷器上引线，固定尾线。

更换避雷器：杆上电工相互配合视情况做绝缘隔离，更换三相避雷器。

接三相避雷器上引线：杆上电工相互配合，按照"中—远—近"的顺序使用绝缘操作杆搭接中相避雷器上引线。

拆除绝缘隔离：撤除绝缘隔离，作业人员返回地面。

（三）票种选择

配电带电作业工作票。

（四）人员分工及安排

本次工作有 1 个作业地点。本张工作票设置监护人 1 人，杆上人员 2 人，地面辅助人员 1 人。参与本次工作的共 4 人（含工作负责人），具体分工为：

张一（工作负责人兼任监护人）：负责工作的整体协调组织，合理安排作业人员分工。监护杆上电工张二、张三在 10kV 云门 112 线 02 号杆进行作业。

张二、张三（杆上电工）：负责用绝缘杆法带电更换避雷器。

张四（地面电工）：负责地面辅助工作。

（五）场景接线图

绝缘杆作业法带电更换避雷器场景示意图见图 2-2。

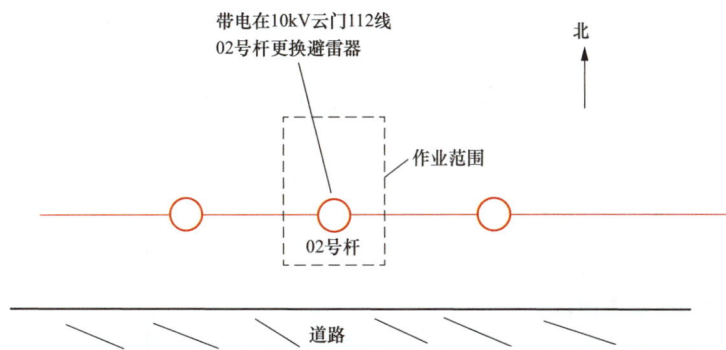

图 2-2 绝缘杆作业法带电更换避雷器场景示意图

二、工作票样例

配电带电作业工作票

单　位：__本部不停电作业中心__　　编　号：__配 D202303001__

1. 工作负责人：__张一__　　　班　组：__不停电作业一班__

2. 工作班成员（不包括工作负责人）

__不停电作业一班：张二、张三、张四__

共 _3_ 人

3. 工作任务

线路名称、设备双重名称	工作地点	工作内容及人员分工	监护人
10kV 云门 112 线	02 号杆	绝缘杆作业法带电更换 10kV 云门 112 线 02 号杆避雷器。 杆上电工：张二、张三。 地面电工：张四	张一

4. 计划工作时间

自 _2023_ 年 _03_ 月 _18_ 日 _08_ 时 _00_ 分至 _2023_ 年 _03_ 月 _18_ 日 _17_ 时 _00_ 分。

5. 安全措施

5.1 调控或运维人员应采取的安全措施：

线路名称、设备双重名称	是否需要停用重合闸	作业点负荷侧需要停电的线路、设备	应装设的安全遮栏（围栏）和悬挂的标示牌
10kV 云门 112 线	是	无	无

5.2　其他危险点预控措施和注意事项：

（1）带电作业应在良好天气下进行，作业前应进行风速和湿度测量。风

1.【班组】

对于包含工作负责人在内有两个及以上的班组人员共同进行的工作，应填写"综合班组"。

2.【工作班成员（不包括工作负责人）】

填写除工作负责人以外的所有参与现场工作的人员。

3.【工作任务】

【线路名称、设备双重名称】统一为 10kV××线。

【工作地点】统一为××号杆。

【工作内容及人员分工】统一为绝缘手套（杆）作业法+作业方式+设备名称+作业项目；杆上（斗内）电工至少需要 2 名；地面电工至少需要 1 名。

【监护人】带电作业应有人监护。监护人不应直接操作，监护的范围不应超过一个作业点。

4.【计划工作时间】

填写计划检修起始时间和结束时间，该时间应在调度批准的检修时间段内。

5.【安全措施】

【线路名称、设备双重名称】统一为 10kV××线。

【是否需要停用重合闸】本项目需停用线路重合闸。

【作业点负荷侧需要停电的线路、设备】根据作业项目填写需要停电的线路、设备。对于多台配电变压器、专用变压器的停电措施应全部填写。

【应装设的安全遮栏（围栏）和悬挂的标示牌】根据停电的线路、设备填写是否需要悬挂的标示牌。

力大于5级或湿度大于80%时，不宜带电作业。若遇雷电、雪、雹、雨、雾等不良天气，不应带电作业。带电作业过程中若遇天气突然变化，有可能危及人身及设备安全时，应立即停止工作，撤离人员，恢复设备正常状况，或采取临时安全措施。

（2）在工作地点四周装设围栏（网），入口处悬挂"从此进出""在此工作"标示牌。作业时，封闭入口，并向外悬挂"止步，高压危险"标示牌。

（3）高空作业人员应穿戴好绝缘防护用具，全程正确使用安全带，10kV绝缘操作杆有效长度应大于0.7m，绝缘绳索有效长度应大于0.4m，工作前应检查安全工器具、绝缘防护用具合格、齐备，工作中应正确使用。

（4）作业前应使用验电器对线路和设备进行验电，确认无漏电现象。

（5）作业过程中，不论线路是否带电，都应始终认为线路有电。

（6）作业中，人体应保持对地不小于0.4m；如不能确保该安全距离时，应采用绝缘遮蔽措施，遮蔽用具之间的重叠部分不得小于150mm。作业人员严禁同时接触不同电位，防止人体串入电路。

工作票签发人签名：<u>张六</u>　　　<u>2023</u>年<u>03</u>月<u>17</u>日<u>14</u>时<u>30</u>分

工作票会签人签名：<u>张七</u>　　　<u>2023</u>年<u>03</u>月<u>17</u>日<u>14</u>时<u>40</u>分

工作票负责人签名：<u>张一</u>　　　<u>2023</u>年<u>03</u>月<u>17</u>日<u>14</u>时<u>50</u>分

6. 工作许可

许可的线路、设备	许可方式	工作许可人	工作负责人签名	工作许可时间
10kV 云门 112 线 02 号杆	当面	张八	张一	2023 年 03 月 18 日 08 时 11 分

6.【工作许可】
【许可的线路、设备】10kV××线××号杆。
【许可方式】统一为：当面。
【工作许可人】手工签名、不得漏签、代签。
【工作负责人签名】手工签名、不得漏签、代签。
【工作许可时间】统一为××××年××月××日××时××分。

7. 现场补充的安全措施

无。

7.【现场补充的安全措施】
工作负责人及工作许可人可根据作业前现场实际情况补充相应的安全措施，如现场无需补充安全措施应填写"无"。

8. 现场交底，工作班成员确认工作负责人布置的工作任务、人员分工、安全措施和注意事项并签名：

<u>张二、张三、张四</u>

8.【现场交底】
所有工作班成员在明确了工作负责人、专责监护人交代的工作任务、人员分工、安全措施和注意事项后，在工作负责人所持工作票上签名，不得代签。

9. <u>2023</u>年<u>03</u>月<u>18</u>日<u>08</u>时<u>12</u>分工作负责人下令开始工作。

10. 人员变更

10.1 工作负责人变动情况：原工作负责人_____离去，变更_____为工作负责人。

工作票签发人：_____　　　　_____年___月___日___时___分

原工作负责人签名确认：_____

新工作负责人签名确认：_____　　　　_____年___月___日___时___分

10.2 工作人员变动情况。

新增人员	姓名					
	变更时间					
	工作负责人签名					
离开人员	姓名					
	变更时间					
	工作负责人签名					

11. 工作票延期

有效期延长到_____年___月___日___时___分。

工作负责人签名：_____　　　　_____年___月___日___时___分

工作许可人签名：_____　　　　_____年___月___日___时___分

12. 工作终结

12.1 工作班人员已全部撤离现场，工具、材料已清理完毕，杆塔、设备上已无遗留物。

12.2 工作终结报告。

终结的线路或设备	报告方式	工作许可人	工作负责人签名	终结报告时间
10kV 云门 112 线 02 号杆	当面	张八	张一	2023 年 03 月 18 日 10 时 05 分

13. 备注

风速：3 级；湿度：50%。

10.【人员变更】
包括工作负责人变动及工作人员变动，根据实际工作情况据实填写。

11.【工作票延期】
工作需延期，应在工作计划结束时间前由工作负责人向工作许可人提出申请，办理延期手续。对于需经调度许可的工作，工作许可人还应得到调度许可后，方可与工作负责人办理工作票延期手续。工作票只能延期一次。

13.【备注】
风速不能大于 5 级，湿度不能大于 80%；相序和负荷电流情况，根据作业项目实际需要填写；如设置专责监护人，应填写指定的专责监护人监护的人员、地点及工作内容。

2.3 带电断引流线

一、作业场景情况

（一）工作场景

绝缘杆作业法带电断引流线，包括：熔断器上引线、分支线路引线、耐张杆引流线。

（二）工作任务

绝缘杆作业法带电断 10kV 云门 112 线 02 号杆引流线。

检查作业点后段无负载：检查作业点后段无负载，可以采取人员现场确认或仪表测定两种检查形式。

安装绝缘隔离：杆上电工相互配合视情况做绝缘隔离。

断三相跌落式熔断器上引线：杆上电工相互配合，按照"近—远—中"的顺序，使用绝缘操作杆拆开三相跌落式熔断器上引线，固定尾线。

拆除绝缘隔离：撤除绝缘隔离，作业人员返回地面。

（三）票种选择

配电带电作业工作票。

（四）人员分工及安排

本次工作有 1 个作业地点。本张工作票设置监护人 1 人，杆上人员 2 人，地面辅助人员 1 人。参与本次工作的共 4 人（含工作负责人），具体分工为：

张一（工作负责人兼任监护人）：负责工作的整体协调组织，合理安排作业人员分工。监护杆上电工张二、张三在 10kV 云门 112 线 02 号杆进行作业。

张二、张三（杆上电工）：负责用绝缘杆法断引流线。

张四（地面电工）：负责地面辅助工作。

（五）场景接线图

绝缘杆作业法带电断引流线场景接线图见图 2-3。

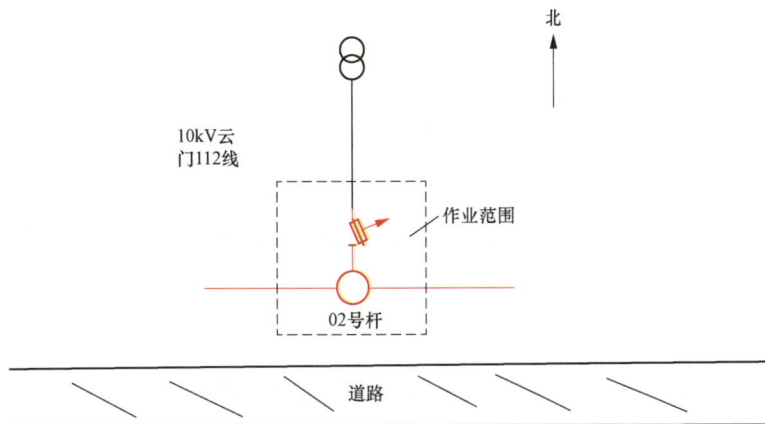

图 2-3 绝缘杆作业法带电断引流线场景接线图

二、工作票样例

配电带电作业工作票

单　位：<u>本部不停电作业中心</u>　　　编　号：<u>配 D202303001</u>

1. 工作负责人：<u>张一</u>　　　　班　组：<u>不停电作业一班</u>

2. 工作班成员（不包括工作负责人）

<u>不停电作业一班：张二、张三、张四</u>

共 <u>3</u> 人

3. 工作任务

线路名称、设备双重名称	工作地点	工作内容及人员分工	监护人
10kV 云门 112 线	02 号杆	绝缘杆作业法带电断 10kV 云门 112 线 02 号杆引流线。 杆上电工：张二、张三。 地面电工：张四	张一

4. 计划工作时间

自 <u>2023</u> 年 <u>03</u> 月 <u>18</u> 日 <u>08</u> 时 <u>00</u> 分至 <u>2023</u> 年 <u>03</u> 月 <u>18</u> 日 <u>17</u> 时 <u>00</u> 分。

5. 安全措施

5.1　调控或运维人员应采取的安全措施：

线路名称、设备双重名称	是否需要停用重合闸	作业点负荷侧需要停电的线路、设备	应装设的安全遮栏（围栏）和悬挂的标示牌
10kV 云门 112 线	是	10kV 云门 112 线 02 号杆云门 1 号配变高压跌落式熔断器	在 10kV 云门 112 线 02 号杆云门 1 号配变高压跌落式熔断器下方悬挂"禁止合闸，线路有人工作"标示牌

（侧注）

1.【班组】对于包含工作负责人在内有两个及以上的班组人员共同进行的工作，应填写"综合班组"。

2.【工作班成员（不包括工作负责人）】填写除工作负责人以外的所有参与现场工作的人员。

3.【工作任务】【线路名称、设备双重名称】统一为10kV××线。【工作地点】统一为××号杆。【工作内容及人员分工】统一为绝缘手套（杆）作业法+作业方式+设备名称+作业项目；杆上（斗内）电工至少需要2名；地面电工至少需要1名。【监护人】带电作业应有人监护。监护人不应直接操作，监护的范围不应超过一个作业点。

4.【计划工作时间】填写计划检修起始时间和结束时间，该时间应在调度批准的检修时间段内。

5.【安全措施】【线路名称、设备双重名称】统一为10kV××线。【是否需要停用重合闸】本项目作业需停用线路重合闸。【作业点负荷侧需要停电的线路、设备】根据作业项目填写需要停电的线路、设备。对于多台配电变压器、专用变压器的停电措施应全部填写。【应装设的安全遮栏（围栏）和悬挂的标示牌】根据停电的线路、设备填写是否需要悬挂的标示牌。

5.2 其他危险点预控措施和注意事项：

（1）带电作业应在良好天气下进行，作业前应进行风速和湿度测量。风力大于 5 级或湿度大于 80% 时，不宜带电作业。若遇雷电、雪、雹、雨、雾等不良天气，不应带电作业。带电作业过程中若遇天气突然变化，有可能危及人身及设备安全时，应立即停止工作，撤离人员，恢复设备正常状况，或采取临时安全措施。

（2）在工作地点四周装设围栏（网），入口处悬挂"从此进出""在此工作"标示牌。作业时，封闭入口，并向外悬挂"止步，高压危险"标示牌。

（3）高空作业人员应穿戴好绝缘防护用具，全程正确使用安全带，10kV 绝缘操作杆有效长度应大于 0.7m，绝缘绳索有效长度应大于 0.4m，工作前应检查安全工器具、绝缘防护用具合格、齐备，工作中应正确使用。

（4）作业前应使用验电器对线路和设备进行验电，确认无漏电现象。

（5）作业过程中，不论线路是否带电，都应始终认为线路有电。

（6）作业中，人体应保持对地不小于 0.4m；如不能确保该安全距离时，应采用绝缘遮蔽措施，遮蔽用具之间的重叠部分不得小于 150mm。作业人员严禁同时接触不同电位，防止人体串入电路。

（7）带电断引线时已断开相导线，应在采取防感应电措施后方可触及。

（8）在使用绝缘断线剪剪断引线时，应有防止断开的引线摆动碰及带电设备的措施。

（9）带电断空载线路时，应确认后端所有断路器（开关）、隔离开关（刀闸）已断开，变压器、电压互感器已退出运行。禁止带负荷断引线。禁止用断空载线路的方法使两个电源解列。

（10）断引线时应佩戴护目镜。

工作票签发人签名：张六　　<u>2023</u> 年 <u>03</u> 月 <u>17</u> 日 <u>14</u> 时 <u>30</u> 分

工作票会签人签名：张七　　<u>2023</u> 年 <u>03</u> 月 <u>17</u> 日 <u>14</u> 时 <u>40</u> 分

工作票负责人签名：张一　　<u>2023</u> 年 <u>03</u> 月 <u>17</u> 日 <u>14</u> 时 <u>50</u> 分

6. 工作许可

许可的线路、设备	许可方式	工作许可人	工作负责人签名	工作许可时间
10kV 云门 112 线 02 号杆	当面	张八	张一	2023 年 03 月 18 日 08 时 11 分

6.【工作许可】
【许可的线路、设备】10kV××线××号杆。
【许可方式】统一为：当面。
【工作许可人】手工签名、不得漏签、代签。
【工作负责人签名】手工签名、不得漏签、代签。
【工作许可时间】统一为××××年××月××日××时××分。

7. 现场补充的安全措施

　　无。

7.【现场补充的安全措施】
工作负责人及工作许可人可根据作业前现场实际情况补充相应的安全措施，如现场无需补充安全措施应填写"无"。

8. 现场交底，工作班成员确认工作负责人布置的工作任务、人员分工、安全措施和注意事项并签名：

　　张二、张三、张四

8.【现场交底】
所有工作班成员在明确了工作负责人、专责监护人交代的工作任务、人员分工、安全措施和注意事项后，在工作负责人所持工作票上签名，不得代签。

9. 2023 年 03 月 18 日 08 时 12 分工作负责人下令开始工作。

10. 人员变更

10.1 工作负责人变动情况：原工作负责人_____离去，变更_____为工作负责人。

工作票签发人：_____　　　　　_____年__月__日__时__分

原工作负责人签名确认：_____

新工作负责人签名确认：_____　　　　_____年__月__日__时__分

10.2 工作人员变动情况。

10.【人员变更】
包括工作负责人变动及工作人员变动，根据实际工作情况据实填写。

新增人员	姓名					
	变更时间					
	工作负责人签名					
离开人员	姓名					
	变更时间					
	工作负责人签名					

11. 工作票延期

　　有效期延长到_____年__月__日__时__分。

工作负责人签名：_____　　　　_____年__月__日__时__分

工作许可人签名：_____　　　　_____年__月__日__时__分

11.【工作票延期】
工作需延期，应在工作计划结束时间前由工作负责人向工作许可人提出申请，办理延期手续。对于需经调度许可的工作，工作许可人还应得到调度许可后，方可与工作负责人办理工作票延期手续。工作票只能延期一次。

12. 工作终结

12.1 工作班人员已全部撤离现场，工具、材料已清理完毕，杆塔、设备上已无遗留物。

12.2　工作终结报告。

终结的线路或设备	报告方式	工作许可人	工作负责人签名	终结报告时间
10kV 云门 112 线 02 号杆	当面	张八	张一	2023 年 03 月 18 日 10 时 05 分
				年　　　月　　日　　时　　分
				年　　　月　　日　　时　　分
				年　　　月　　日　　时　　分

13. 备注

　　风速：3 级；湿度：50%。

13.【备注】
风速不能大于 5 级，湿度不能大于 80%；相序和负荷电流情况，根据作业项目实际需要填写；如设置专责监护人，应填写指定的专责监护人监护的人员、地点及工作内容。

2.4　带电接引流线

一、作业场景情况

（一）工作场景

绝缘杆作业法带电接引流线，包括：熔断器上引线、分支线路引线、耐张杆引流线。

（二）工作任务

绝缘杆作业法带电接 10kV 云门 112 线 02 号杆引流线。

检查作业点后段无负载：检查作业点后段无负载，可以采取人员现场确认或仪表测定两种检查形式。

安装绝缘隔离：杆上电工相互配合视情况做绝缘隔离。

接三相跌落式熔断器上引线：杆上电工相互配合，按照"中—远—近"的顺序，使用绝缘操作杆搭接三相跌落式熔断器上引线。

拆除绝缘隔离：撤除绝缘隔离，作业人员返回地面。

（三）票种选择

配电带电作业工作票。

（四）人员分工及安排

　　本次工作有 1 个作业地点。本张工作票设置监护人 1 人，杆上人员 2 人，地面辅助人员 1 人。参与本次工作的共 4 人（含工作负责人），具体分工为：

　　张一（工作负责人兼任监护人）：负责工作的整体协调组织，合理安排作业人员分工。监护杆上电工：张二、张三在 10kV 云门 112 线 02 号杆进行作业。

张二、张三（杆上电工）：负责用绝缘杆法带电接引流线。

张四（地面电工）：负责地面辅助工作。

（五）场景接线图

绝缘杆作业法带电接引流线场景示意图见图 2-4。

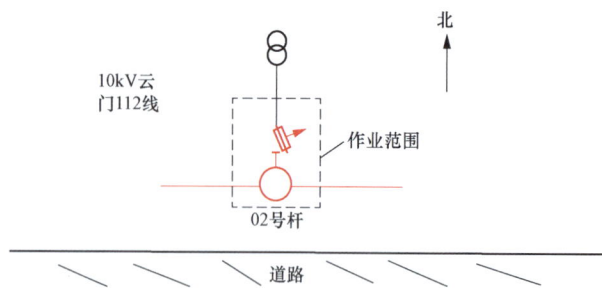

图 2-4　绝缘杆作业法带电接引流线场景示意图

二、工作票样例

配电带电作业工作票

单　位：本部不停电作业中心　　　编　号：配 D202303001

1. 工作负责人： 张一　　　**班　组：** 不停电作业一班

2. 工作班成员（不包括工作负责人）

不停电作业一班：张二、张三、张四

共 _3_ 人

3. 工作任务

线路名称、设备双重名称	工作地点	工作内容及人员分工	监护人
10kV 云门 112 线	02 号杆	绝缘杆作业法带电接 10kV 云门 112 线 02 号杆引流线。 杆上电工：张二、张三。 地面电工：张四	张一

4. 计划工作时间

自 2023 年 03 月 18 日 08 时 00 分至 2023 年 03 月 18 日 17 时 00 分。

右侧批注：

1.【班组】
对于包含工作负责人在内有两个及以上的班组人员共同进行的工作，应填写"综合班组"。

2.【工作班成员（不包括工作负责人）】
填写除工作负责人以外的所有参与现场工作的人员。

3.【工作任务】
【线路名称、设备双重名称】统一为 10kV××线。
【工作地点】统一为××号杆。
【工作内容及人员分工】统一为绝缘手套（杆）作业法+作业方式+设备名称+作业项目；杆上（斗内）电工至少需要 2 名；地面电工至少需要 1 名。
【监护人】带电作业应有人监护。监护人不应直接操作，监护的范围不应超过一个作业点。

4.【计划工作时间】
填写计划检修起始时间和结束时间，该时间应在调度批准的检修时间段内。

5. 安全措施

5.1　调控或运维人员应采取的安全措施：

线路名称、设备双重名称	是否需要停用重合闸	作业点负荷侧需要停电的线路、设备	应装设的安全遮栏（围栏）和悬挂的标示牌
10kV 云门 112 线	是	10kV 云门 112 线 02 号杆云门 1 号配变高压跌落式熔断器	在 10kV 云门 112 线 02 号杆云门 1 号配变高压跌落式熔断器下方悬挂"禁止合闸，线路有人工作"标示牌

5.2　其他危险点预控措施和注意事项：

（1）带电作业应在良好天气下进行，作业前应进行风速和湿度测量。风力大于 5 级或湿度大于 80%时，不宜带电作业。若遇雷电、雪、雹、雨、雾等不良天气，不应带电作业。带电作业过程中若遇天气突然变化，有可能危及人身及设备安全时，应立即停止工作，撤离人员，恢复设备正常状况，或采取临时安全措施。

（2）在工作地点四周装设围栏（网），入口处悬挂"从此进出""在此工作"标示牌。作业时，封闭入口，并向外悬挂"止步，高压危险"标示牌。

（3）高空作业人员应穿戴好绝缘防护用具，全程正确使用安全带，10kV 绝缘操作杆有效长度应大于 0.7m，绝缘绳索有效长度应大于 0.4m，工作前应检查安全工器具、绝缘防护用具合格、齐备，工作中应正确使用。

（4）作业前应使用验电器对线路和设备进行验电，确认无漏电现象。

（5）作业过程中，不论线路是否带电，都应始终认为线路有电。

（6）作业中，人体应保持对地不小于 0.4m；如不能确保该安全距离时，应采用绝缘遮蔽措施，遮蔽用具之间的重叠部分不得小于 150mm。作业人员严禁同时接触不同电位，防止人体串入电路。

（7）所接引线长度应适当，接引线时应有防止引线摆动的措施。

（8）带电接引线时未接通相导线，应在采取防感应电措施后方可触及。

（9）接引线时应佩戴护目镜。

工作票签发人签名：<u>张六</u>　　<u>2023</u> 年 <u>03</u> 月 <u>17</u> 日 <u>14</u> 时 <u>30</u> 分

工作票会签人签名：<u>张七</u>　　<u>2023</u> 年 <u>03</u> 月 <u>17</u> 日 <u>14</u> 时 <u>40</u> 分

工作票负责人签名：<u>张一</u>　　<u>2023</u> 年 <u>03</u> 月 <u>17</u> 日 <u>14</u> 时 <u>50</u> 分

6. 工作许可

许可的线路、设备	许可方式	工作许可人	工作负责人签名	工作许可时间
10kV 云门 112 线 02 号杆	当面	张八	张一	2023 年 03 月 18 日 08 时 11 分

6.【工作许可】
【许可的线路、设备】10kV××线××号杆。
【许可方式】统一为：当面。
【工作许可人】手工签名、不得漏签、代签。
【工作负责人签名】手工签名、不得漏签、代签。
【工作许可时间】统一为××××年××月××日××时××分。

7. 现场补充的安全措施

无。

7.【现场补充的安全措施】
工作负责人及工作许可人可根据作业前现场实际情况补充相应的安全措施，如现场无需补充安全措施应填写"无"。

8. 现场交底，工作班成员确认工作负责人布置的工作任务、人员分工、安全措施和注意事项并签名：

张二、张三、张四

8.【现场交底】
所有工作班成员在明确了工作负责人、专责监护人交代的工作任务、人员分工、安全措施和注意事项后，在工作负责人所持工作票上签名，不得代签。

9. <u>2023</u> 年 <u>03</u> 月 <u>18</u> 日 <u>08</u> 时 <u>12</u> 分工作负责人下令开始工作。

10. 人员变更

10.1 工作负责人变动情况：原工作负责人_____离去，变更_____为工作负责人。

工作票签发人：_____　　　　_____年__月__日__时__分

原工作负责人签名确认：_____

新工作负责人签名确认：_____　　　　_____年__月__日__时__分

10.【人员变更】
包括工作负责人变动及工作人员变动，根据实际工作情况据实填写。

10.2 工作人员变动情况。

新增人员	姓名						
	变更时间						
	工作负责人签名						
离开人员	姓名						
	变更时间						
	工作负责人签名						

11. 工作票延期

有效期延长到_____年___月___日___时___分。

工作负责人签名：_____　　_____年___月___日___时___分

工作许可人签名：_____　　_____年___月___日___时___分

11.【工作票延期】
工作需延期，应在工作计划结束时间前由工作负责人向工作许可人提出申请，办理延期手续。对于需经调度许可的工作，工作许可人还应得到调度许可后，方可与工作负责人办理工作票延期手续。工作票只能延期一次。

12. 工作终结

12.1　工作班人员已全部撤离现场，工具、材料已清理完毕，杆塔、设备上已无遗留物。

12.2　工作终结报告。

终结的线路或设备	报告方式	工作许可人	工作负责人签名	终结报告时间
10kV 云门 112 线 02 号杆	当面	张八	张一	2023 年 03 月 18 日 10 时 05 分
				年　月 日　时　分
				年　月 日　时　分
				年　月 日　时　分

13. 备注

风速：3 级；湿度：50%。

13.【备注】
风速不能大于 5 级，湿度不能大于 80%；相序和负荷电流情况，根据作业项目实际需要填写；如设置专责监护人，应填写指定的专责监护人监护的人员、地点及工作内容。

第3章 简单绝缘手套作业法项目

3.1 普通消缺及装拆附件

一、作业场景情况

（一）工作场景

绝缘手套作业法带电在 10kV 云门 112 线 02 号杆清除异物。

（二）工作任务

绝缘遮蔽：按照由近及远，从大到小，从低到高的原则，根据现场实际对作业中可能触及的其他带电体及无法满足安全距离的接地体（导线支承件、金属紧固件、横担、拉线等）应采取绝缘遮蔽措施。

清除异物：斗内电工相互配合清理异物。

拆除绝缘遮蔽：工作结束后，撤除绝缘隔离措施，绝缘斗退出有电工作区域，作业人员返回地面。

（三）票种选择

配电带电作业工作票。

（四）人员分工及安排

本次工作有 1 个作业地点，1 台绝缘斗臂车。本工作设置绝缘斗臂车斗内作业人员 2 人，地面辅助人员 1 人。参与本次工作的共 4 人（含工作负责人），具体分工为：

张一（工作负责人兼任监护人）：负责工作的整体协调组织，合理安排作业人员分工。监护张二、张三在 10kV 云门 112 线 02 号杆进行作业。

张二、张三（工作班成员）：斗内电工。

张四（工作班成员）：负责地面辅助工作。

（五）场景接线图

绝缘手套作业法普通消缺及装拆附件场景示意图见图 3-1。

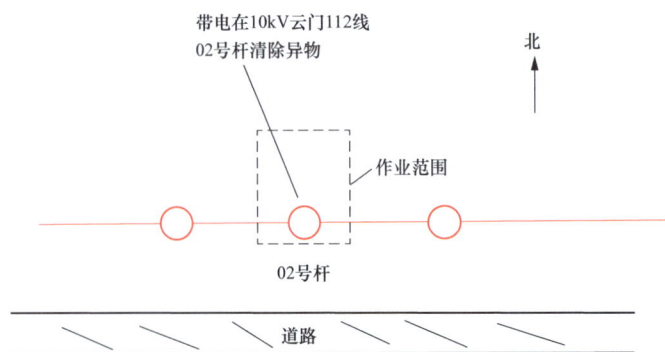

图 3-1 绝缘手套作业法普通消缺及装拆附件场景示意图

二、工作票样例

配电带电作业工作票

单　位：<u>本部不停电作业中心</u>　　编　号：<u>配 D20230355</u>

1. 工作负责人：<u>张一</u>　　　　班　组：<u>不停电作业一班</u>

> **1.【班组】**
> 对于包含工作负责人在内有两个及以上的班组人员共同进行的工作，应填写"综合班组"。

2. 工作班成员（不包括工作负责人）

<u>不停电作业一班：张二、张三、张四</u>

共　<u>3</u>　人

> **2.【工作班成员（不包括工作负责人）】**
> 填写除工作负责人以外的所有参与现场工作的人员。

3. 工作任务

线路名称、设备双重名称	工作地点	工作内容及人员分工	监护人
10kV 云门 112 线	02 号杆	绝缘手套作业法带电在 10kV 云门 112 线 02 号杆清除异物。斗内电工：张二、张三。地面电工：张四	张一

> **3.【工作任务】**
> 【线路名称、设备双重名称】统一为 10kV××线。
> 【工作地点】统一为××号杆。
> 【工作内容及人员分工】统一为绝缘手套（杆）作业法+作业方式+设备名称+作业项目；杆上（斗内）电工至少需要 2 名；地面电工至少需要 1 名。
> 【监护人】带电作业应有人监护。监护人不应直接操作，监护的范围不应超过一个作业点。

4. 计划工作时间

自 <u>2023</u> 年 <u>03</u> 月 <u>18</u> 日 <u>09</u> 时 <u>00</u> 分至 <u>2023</u> 年 <u>03</u> 月 <u>18</u> 日 <u>16</u> 时 <u>00</u> 分。

> **4.【计划工作时间】**
> 填写计划检修起始时间和结束时间，该时间应在调度批准的检修时间段内。

5. 安全措施

5.1 调控或运维人员应采取的安全措施：

线路名称、设备双重名称	是否需要停用重合闸	作业点负荷侧需要停电的线路、设备	应装设的安全遮栏（围栏）和悬挂的标示牌
10kV 云门 112 线	是	无	无

> **5.【安全措施】**
> 【线路名称、设备双重名称】统一为 10kV××线。
> 【是否需要停用重合闸】本项目作业需停用线路重合闸。
> 【作业点负荷侧需要停电的线路、设备】根据作业项目填写需要停电的线路、设备。对于多台配电变压器、专用变压器的停电措施应全部填写。
> 【应装设的安全遮栏（围栏）和悬挂的标示牌】根据停电的线路、设备填写是否需要悬挂的标示牌。

5.2　其他危险点预控措施和注意事项：

（1）带电作业应在良好天气下进行，作业前应进行风速和湿度测量。风力大于 5 级或湿度大于 80%时，不宜带电作业。若遇雷电、雪、雹、雨、雾等不良天气，不应带电作业。带电作业过程中若遇天气突然变化，有可能危及人身及设备安全时，应立即停止工作，撤离人员，恢复设备正常状况，或采取临时安全措施。

（2）在工作地点四周装设围栏，入口处悬挂"从此进入""在此工作"标示牌。作业时，封闭入口，并向外悬挂"止步，高压危险"标示牌。

（3）高空作业人员应穿戴好绝缘防护用具，全程正确使用安全带，10kV绝缘操作杆有效长度不得小于 0.7m，绝缘绳索有效长度应大于 0.4m，工作前应检查安全工器具、绝缘防护用具合格、齐备，工作中应正确使用。

（4）作业前应使用验电器对线路和设备进行验电，确认无漏电现象。

（5）作业过程中，不论线路是否带电，都应始终认为线路有电。

（6）作业中，人体应保持对地不小于 0.4m；如不能确保该安全距离时，应采用绝缘遮蔽措施，遮蔽用具之间的重叠部分不得小于150mm。作业人员严禁同时接触不同电位，防止人体串入电路。

（7）绝缘臂有效长度不小于 1m，斗臂车金属部分对带电体安全距离不小于0.9m，绝缘斗臂车接地连接要可靠。

工作票签发人签名：张五　2023 年 03 月 17 日 16 时 03 分

工作票会签人签名：张六　2023 年 03 月 17 日 16 时 15 分

工作负责人签名：张一　2023 年 03 月 17 日 16 时 25 分

6. 工作许可

许可的线路、设备	许可方式	工作许可人	工作负责人签名	工作许可时间
10kV 云门 112 线 02 号杆	当面	张七	张一	2023 年 03 月 18 日 10 时 23 分

7. 现场补充的安全措施

无。

8. 现场交底，工作班成员确认工作负责人布置的工作任务、人员分工、安全措施和注意事项并签名：

张二、张三、张四

【工作许可】
【许可的线路、设备】10kV××线××号杆。
【许可方式】统一为：当面。
【工作许可人】手工签名、不得漏签、代签。
【工作负责人签名】手工签名、不得漏签、代签。
【工作许可时间】统一为××××年××月××时××分。

【现场补充的安全措施】
工作负责人及工作许可人可根据作业前现场实际情况补充相应的安全措施，如现场无需补充安全措施应填写"无"。

【现场交底】
所有工作班成员在明确了工作负责人、专责监护人交代的工作任务、人员分工、安全措施和注意事项后，在工作负责人所持工作票上签名，不得代签。

9. **2023** 年 **03** 月 **18** 日 **10** 时 **35** 分工作负责人下令开始工作。

10. 人员变更

10.1 工作负责人变动情况：原工作负责人_____离去，变更_____为工作负责人。

工作票签发人：_____　　　　____年__月__日__时___分

原工作负责人签名确认：_____

新工作负责人签名确认：_____　　____年__月__日__时___分

10.2 工作人员变动情况。

新增人员	姓名					
	变更时间					
	工作负责人签名					
离开人员	姓名					
	变更时间					
	工作负责人签名					

10.【人员变更】
包括工作负责人变动及工作人员变动，根据实际工作情况据实填写。

11. 工作票延期

有效期延长到____年__月__日__时___分。

工作负责人签名：_____　　____年__月__日__时___分

工作许可人签名：_____　　____年__月__日__时___分

11.【工作票延期】
工作需延期，应在工作计划结束时间前由工作负责人向工作许可人提出申请，办理延期手续。对于需经调度许可的工作，工作许可人还应得到调度许可后，方可与工作负责人办理工作票延期手续。工作票只能延期一次。

12. 工作终结

12.1 工作班人员已全部撤离现场，工具、材料已清理完毕，杆塔、设备上已无遗留物。

12.2 工作终结报告。

终结的线路或设备	报告方式	工作许可人	工作负责人签名	终结报告时间
10kV 云门 112 线 02 号杆	当面	张七	张一	2023 年 03 月 18 日 10 时 40 分

续表

终结的线路或设备	报告方式	工作许可人	工作负责人签名	终结报告时间
				年 月 日 时 分
				年 月 日 时 分
				年 月 日 时 分

13. 备注

风速：3 级；湿度：50%。

3.2 带电辅助加装或拆除绝缘遮蔽

一、作业场景情况

（一）工作场景

绝缘手套作业法带电在 10kV 云门 112 线 02 号杆加装绝缘遮蔽。

（二）工作任务

绝缘遮蔽：按照由近及远，从大到小，从低到高的原则，根据现场实际对作业中可能触及的其他带电体及无法满足安全距离的接地体（导线支承件、金属紧固件、横担、拉线等）应采取绝缘遮蔽措施。

加装或拆除绝缘遮蔽：斗内电工相互配合加装或拆除绝缘遮蔽。

拆除绝缘遮蔽：工作结束后，撤除绝缘隔离措施，绝缘斗退出有电工作区域，作业人员返回地面。

（三）票种选择

配电带电作业工作票。

（四）人员分工及安排

本次工作有 1 个作业地点，1 台绝缘斗臂车。本工作设置绝缘斗臂车斗内作业人员 2 人，地面辅助人员 1 人。参与本次工作的共 4 人（含工作负责人），具体分工为：

张一（工作负责人兼任监护人）：负责工作的整体协调组织，合理安排作业人员分工。监护张二、张三在 10kV 云门 112 线 02 号杆进行作业。

张二、张三（工作班成员）：斗内电工。

张四（工作班成员）：负责地面辅助工作。

（五）场景接线图

绝缘手套作业法带电辅助加装绝缘遮蔽场景示意图见图 3-2。

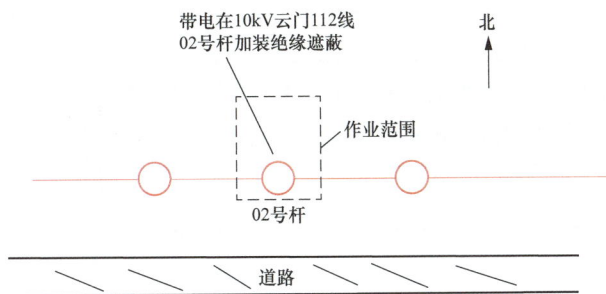

图 3-2　绝缘手套作业法带电辅助加装绝缘遮蔽场景示意图

二、工作票样例

配电带电作业工作票

单　位：<u>本部不停电作业中心</u>　　　编　号：<u>配 D20230355</u>

1. 工作负责人：<u>张一</u>　　　班　组：<u>不停电作业一班</u>

2. 工作班成员（不包括工作负责人）

<u>不停电作业一班：张二、张三、张四</u>

共 <u>3</u> 人

3. 工作任务

线路名称、设备双重名称	工作地点	工作内容及人员分工	监护人
10kV 云门 112 线	02 号杆	绝缘手套作业法带电在 10kV 云门 112 线 02 号杆加装绝缘遮蔽。 斗内电工：张二、张三。 地面电工：张四	张一

4. 计划工作时间

自 <u>2023</u> 年 <u>03</u> 月 <u>18</u> 日 <u>09</u> 时 <u>00</u> 分至 <u>2023</u> 年 <u>03</u> 月 <u>18</u> 日 <u>16</u> 时 <u>00</u> 分。

5. 安全措施

5.1　调控或运维人员应采取的安全措施：

1.【班组】
对于包含工作负责人在内有两个及以上的班组人员共同进行的工作，应填写"综合班组"。

2.【工作班成员（不包括工作负责人）】
填写除工作负责人以外的所有参与现场工作的人员。

3.【工作任务】
【线路名称、设备双重名称】统一为 10kV××线。
【工作地点】统一为××号杆。
【工作内容及人员分工】统一为绝缘手套（杆）作业法+作业方式+设备名称+作业项目；杆上（斗内）电工至少需要 2 名；地面电工至少需要 1 名。
【监护人】带电作业应有人监护。监护人不应直接操作，监护的范围不应超过一个作业点。

4.【计划工作时间】
填写计划检修起始时间和结束时间，该时间应在调度批准的检修时间段内。

5.【安全措施】
【线路名称、设备双重名称】统一为 10kV××线。
【是否需要停用重合闸】本项目作业需停用线路重合闸。
【作业点负荷侧需要停电的线路、设备】根据作业项目填写需要停电的线路、设备。对于多台配电变压器、专用变压器的停电措施应全部填写。
【应装设的安全遮栏（围栏）和悬挂的标示牌】根据停电的线路、设备填写是否需要悬挂的标示牌。

线路名称、设备双重名称	是否需要停用重合闸	作业点负荷侧需要停电的线路、设备	应装设的安全遮栏（围栏）和悬挂的标示牌
10kV 云门 112 线	是	无	无

5.2　其他危险点预控措施和注意事项：

（1）带电作业应在良好天气下进行，作业前应进行风速和湿度测量。风力大于 5 级或湿度大于 80%时，不宜带电作业。若遇雷电、雪、雹、雨、雾等不良天气，不应带电作业。带电作业过程中若遇天气突然变化，有可能危及人身及设备安全时，应立即停止工作，撤离人员，恢复设备正常状况，或采取临时安全措施。

（2）在工作地点四周装设围栏（网），入口处悬挂"从此进入""在此工作"标示牌。作业时，封闭入口，并向外悬挂"止步，高压危险"标示牌。

（3）高空作业人员应穿戴好绝缘防护用具，全程正确使用安全带，10kV 绝缘操作杆有效长度不得小于 0.7m，绝缘绳索有效长度应大于 0.4m，工作前应检查安全工器具、绝缘防护用具合格、齐备，工作中应正确使用。

（4）作业前应使用验电器对线路和设备进行验电，确认无漏电现象。

（5）作业过程中，不论线路是否带电，都应始终认为线路有电。

（6）作业中，人体应保持对地不小于 0.4m；如不能确保该安全距离时，应采用绝缘遮蔽措施，遮蔽用具之间的重叠部分不得小于 150mm。作业人员严禁同时接触不同电位，防止人体串入电路。

（7）绝缘臂有效长度不小于 1m，斗臂车金属部分对带电体安全距离不小于 0.9m，绝缘斗臂车接地连接要可靠。

工作票签发人签名：<u>张五</u>　<u>2023</u> 年 <u>03</u> 月 <u>17</u> 日 <u>16</u> 时 <u>03</u> 分

工作票会签人签名：<u>张六</u>　<u>2023</u> 年 <u>03</u> 月 <u>17</u> 日 <u>16</u> 时 <u>15</u> 分

工作负责人签名：<u>张一</u>　<u>2023</u> 年 <u>03</u> 月 <u>17</u> 日 <u>16</u> 时 <u>25</u> 分

6. 工作许可

6.【工作许可】
【许可的线路、设备】10kV××线××号杆。
【许可方式】统一为：当面。
【工作许可人】手工签名、不得漏签、代签。
【工作负责人签名】手工签名、不得漏签、代签。
【工作许可时间】统一为××××年××月××日××时××分。

许可的线路、设备	许可方式	工作许可人	工作负责人签名	工作许可时间
10kV 云门 112 线 02 号杆	当面	张七	张一	2023 年 03 月 18 日 10 时 23 分

7. 现场补充的安全措施

　　无。_____

8. 现场交底，工作班成员确认工作负责人布置的工作任务、人员分工、安全措施和注意事项并签名：

　　张二、张三、张四_____

9. 2023 年 03 月 18 日 10 时 35 分工作负责人下令开始工作。

10. 人员变更

10.1　工作负责人变动情况：原工作负责人_____离去，变更_____为工作负责人。

工作票签发人：_____　　　　_____年___月___日___时___分

原工作负责人签名确认：_____

新工作负责人签名确认：_____　　　_____年___月___日___时___分

10.2　工作人员变动情况。

新增人员	姓名						
	变更时间						
	工作负责人签名						
离开人员	姓名						
	变更时间						
	工作负责人签名						

11. 工作票延期

　　有效期延长到_____年___月___日___时___分。

工作负责人签名：_____　　　_____年___月___日___时___分

工作许可人签名：_____　　　_____年___月___日___时___分

12. 工作终结

12.1　工作班人员已全部撤离现场，工具、材料已清理完毕，杆塔、设备上已无遗留物。

7.【现场补充的安全措施】
工作负责人及工作许可人可根据作业前现场实际情况补充相应的安全措施，如现场无需补充安全措施应填写"无"。

8.【现场交底】
所有工作班成员在明确了工作负责人、专责监护人交代的工作任务、人员分工、安全措施和注意事项后，在工作负责人所持工作票上签名，不得代签。

10.【人员变更】
包括工作负责人变动及工作人员变动，根据实际工作情况据实填写。

11.【工作票延期】
工作需延期，应在工作计划结束时间前由工作负责人向工作许可人提出申请，办理延期手续。对于经调度许可的工作，工作许可人还应得到调度许可后，方可与工作负责人办理工作票延期手续。工作票只能延期一次。

12.2　工作终结报告。

终结的线路或设备	报告方式	工作许可人	工作负责人签名	终结报告时间
10kV 云门 112 线 02 号杆	当面	张七	张一	2023 年 03 月 18 日 10 时 40 分
				年　月　日　时　分
				年　月　日　时　分
				年　月　日　时　分

13. 备注

风速：3 级；湿度：50%。

13.【备注】
风速不能大于 5 级，湿度不能大于 80%；相序和负荷电流情况，根据作业项目实际需要填写；如设置专责监护人，应填写指定的专责监护人监护的人员、地点及工作内容。

3.3　带电更换避雷器

一、作业场景情况

（一）工作场景

绝缘手套作业法带电更换 10kV 云门 112 线 02 号杆避雷器。

（二）工作任务

绝缘遮蔽：按照由近及远，从大到小，从低到高的原则，根据现场实际对作业中可能触及的其他带电体及无法满足安全距离的接地体（导线支承件、金属紧固件、横担、拉线等）应采取绝缘遮蔽措施。

带电断引流线：斗内电工相互配合拆开近边相避雷器上引线，固定尾线。斗内电工做好中相绝缘隔离。斗内电工相互配合拆开远边相避雷器上引线，固定尾线。斗内电工相互配合拆开中相避雷器上引线，固定尾线。

更换避雷器：斗内电工相互配合更换三相避雷器。

带电接引流线：斗内电工相互配合搭接中相避雷器上引线。斗内电工相互配合搭接远边相避雷器上引线。斗内电工相互配合搭接近边相避雷器上引线。

拆除绝缘遮蔽：工作结束后，撤除绝缘隔离措施，绝缘斗退出有电工作区域，作业人员返回地面。

（三）票样选择

配电带电作业工作票。

（四）人员分工及安排

本次工作有 1 个作业地点，1 台绝缘斗臂车。本工作设置绝缘斗臂车斗内作业人员 2 人，地面辅助人员

1 人。参与本次工作的共 4 人（含工作负责人），具体分工为：

张一（工作负责人兼任监护人）：负责工作的整体协调组织，合理安排作业人员分工。监护张二、张三在 10kV 云门 112 线 02 号杆进行作业。

张二、张三（工作班成员）：斗内电工。

张四（工作班成员）：负责地面辅助工作。

（五）场景接线图

绝缘手套作业法带电更换避雷器场景示意图见图 3-3。

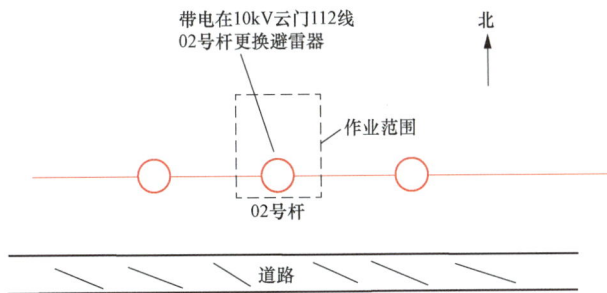

图 3-3　绝缘手套作业法带电更换避雷器场景示意图

二、工作票样例

配电带电作业工作票

单　位：<u>本部不停电作业中心</u>　　　编　号：<u>配 D20230355</u>

1. 工作负责人：<u>张一</u>　　　班　组：<u>不停电作业一班</u>

2. 工作班成员（不包括工作负责人）

<u>不停电作业一班：张二、张三、张四</u>

共 <u>3</u> 人

3. 工作任务

线路名称、设备双重名称	工作地点	工作内容及人员分工	监护人
10kV 云门 112 线	02 号杆	绝缘手套作业法带电更换 10kV 云门 112 线 02 号杆避雷器。 斗内电工：张二、张三。 地面电工：张四	张一

1.【班组】

对于包含工作负责人在内有两个及以上的班组人员共同进行的工作，应填写"综合班组"。

2.【工作班成员（不包括工作负责人）】

填写除工作负责人以外的所有参与现场工作的人员。

3.【工作任务】

【线路名称、设备双重名称】统一为 10kV××线。

【工作地点】统一为××号杆。

【工作内容及人员分工】统一为绝缘手套（杆）作业法+作业方式+设备名称+作业项目；杆上（斗内）电工至少需要 2 名；地面电工至少需要 1 名。

【监护人】带电作业应有人监护。监护人不应直接操作，监护的范围不应超过一个作业点。

4. 计划工作时间

　　自 2023 年 03 月 18 日 09 时 00 分至 2023 年 03 月 18 日 16 时 00 分。

5. 安全措施

5.1　调控或运维人员应采取的安全措施：

线路名称、设备双重名称	是否需要停用重合闸	作业点负荷侧需要停电的线路、设备	应装设的安全遮栏（围栏）和悬挂的标示牌
10kV 云门 112 线	是	无	无

5.2　其他危险点预控措施和注意事项：

　　（1）带电作业应在良好天气下进行，作业前应进行风速和湿度测量。风力大于 5 级或湿度大于 80%时，不宜带电作业。若遇雷电、雪、雹、雨、雾等不良天气，不应带电作业。带电作业过程中若遇天气突然变化，有可能危及人身及设备安全时，应立即停止工作，撤离人员，恢复设备正常状况，或采取临时安全措施。

　　（2）在工作地点四周装设围栏（网），入口处悬挂"从此进入""在此工作"标示牌。作业时，封闭入口，并向外悬挂"止步，高压危险"标示牌。

　　（3）高空作业人员应穿戴好绝缘防护用具，全程正确使用安全带，10kV 绝缘操作杆有效长度不得小于 0.7m，绝缘绳索有效长度应大于 0.4m，工作前应检查安全工器具、绝缘防护用具合格、齐备，工作中应正确使用。

　　（4）作业前应使用验电器对线路和设备进行验电，确认无漏电现象。

　　（5）作业过程中，不论线路是否带电，都应始终认为线路有电。

　　（6）作业中，人体应保持对地不小于 0.4m；如不能确保该安全距离时，应采用绝缘遮蔽措施，遮蔽用具之间的重叠部分不得小于 150mm。作业人员严禁同时接触不同电位，防止人体串入电路。

　　（7）绝缘臂有效长度不小于 1m，斗臂车金属部分对带电体安全距离不小于 0.9m，绝缘斗臂车接地连接要可靠。

　　（8）作业时应佩戴护目镜。

工作票签发人签名： 张五　　　2023 年 03 月 17 日 16 时 03 分

工作票会签人签名： 张六　　　2023 年 03 月 17 日 16 时 15 分

工作负责人签名： 张一　　　2023 年 03 月 17 日 16 时 25 分

6. 工作许可

许可的线路、设备	许可方式	工作许可人	工作负责人签名	工作许可时间
10kV 云门 112 线 02 号杆	当面	张七	张一	2023 年 03 月 18 日 10 时 23 分

7. 现场补充的安全措施

无。

8. 现场交底，工作班成员确认工作负责人布置的工作任务、人员分工、安全措施和注意事项并签名：

张二、张三、张四

9. __2023__ 年__03__月__18__日__10__时__35__分工作负责人下令开始工作。

10. 人员变更

10.1　工作负责人变动情况：原工作负责人_____离去，变更_____为工作负责人。

工作票签发人：_____　　　_____年___月___日___时___分

原工作负责人签名确认：_____

新工作负责人签名确认：_____　　　_____年___月___日___时___分

10.2　工作人员变动情况。

	姓名						
新增人员	姓名						
	变更时间						
	工作负责人签名						
离开人员	姓名						
	变更时间						
	工作负责人签名						

6.【工作许可】
【许可的线路、设备】10kV××线××号杆。
【许可方式】统一为：当面。
【工作许可人】手工签名、不得漏签、代签。
【工作负责人签名】手工签名、不得漏签、代签。
【工作许可时间】统一为××××年××月××日××时××分。

7.【现场补充的安全措施】
工作负责人及工作许可人可根据作业前现场实际情况补充相应的安全措施，如现场无需补充安全措施应填写"无"。

8.【现场交底】
所有工作班成员在明确了工作负责人、专责监护人交代的工作任务、人员分工、安全措施和注意事项后，在工作负责人所持工作票上签名，不得代签。

10.【人员变更】
包括工作负责人变动及工作人员变动，根据实际工作情况据实填写。

11. 工作票延期

有效期延长到＿＿＿年＿＿月＿＿日＿＿时＿＿分。

工作负责人签名：＿＿＿＿＿　＿＿＿年＿＿月＿＿日＿＿时＿＿分

工作许可人签名：＿＿＿＿＿　＿＿＿年＿＿月＿＿日＿＿时＿＿分

12. 工作终结

12.1　工作班人员已全部撤离现场，工具、材料已清理完毕，杆塔、设备上已无遗留物。

12.2　工作终结报告。

终结的线路或设备	报告方式	工作许可人	工作负责人签名	终结报告时间
10kV 云门 112 线 02 号杆	当面	张七	张一	2023 年 03 月 18 日 10 时 40 分
				年 月 日 时 分
				年 月 日 时 分
				年 月 日 时 分

13. 备注

风速：3 级；湿度：50%。＿＿＿＿＿＿＿＿＿＿＿＿＿＿＿＿＿＿＿＿

11.【工作票延期】
工作需延期，应在工作计划结束时间前由工作负责人向工作许可人提出申请，办理延期手续。对于需经调度许可的工作，工作许可人还应得到调度许可后，方可与工作负责人办理工作票延期手续。工作票只能延期一次。

13.【备注】
风速不能大于 5 级，湿度不能大于 80%；相序和负荷电流情况，根据作业项目实际需要填写；如设置专责监护人，应填写指定的专责监护人监护的人员、地点及工作内容。

3.4　带电断引流线

一、作业场景情况

（一）工作场景

绝缘手套作业法带电断 10kV 云门 112 线 02 号杆引流线。

（二）工作任务

绝缘遮蔽：按照由近及远，从大到小，从低到高的原则，根据现场实际对作业中可能触及的其他带电体及无法满足安全距离的接地体（导线支承件、金属紧固件、横担、拉线等）应采取绝缘遮蔽措施。

绝缘手套作业法带电断引流线：斗内电工拆开边相引线的遮蔽用具，利用断线钳将边相引线钳断，并将断头固定好，然后迅速恢复被拆除的绝缘遮蔽。然后采用上述方法，对中相引线和另一边相引线进行拆断，并恢复绝缘遮蔽。

拆除绝缘遮蔽：全部工作完成后，按从远到近，从上到下对的顺序拆除绝缘遮蔽工具。

（三）票种选择

配电带电作业工作票。

（四）人员分工及安排

本次工作有 1 个作业地点，1 台绝缘斗臂车。本工作设置绝缘斗臂车斗内作业人员 2 人，地面辅助人员 1 人。参与本次工作的共 4 人（含工作负责人），具体分工为：

张一（工作负责人兼任监护人）：负责工作的整体协调组织，合理安排作业人员分工。监护张二、张三在 10kV 云门 112 线 02 号杆进行作业。

张二、张三（工作班成员）：斗内电工。

张四（工作班成员）：负责地面辅助工作。

（五）场景接线图

绝缘手套作业法带电断引流线场景示意图见图 3-4。

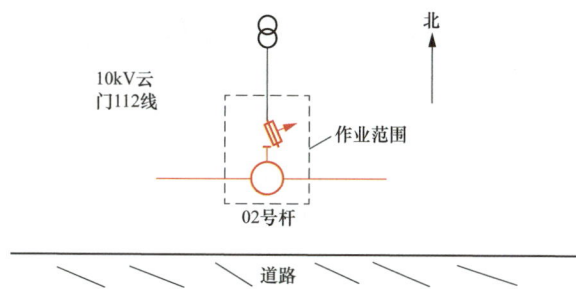

图 3-4　绝缘手套作业法带电断引流线场景示意图

二、工作票样例

配电带电作业工作票

单　　位：<u>本部不停电作业中心</u>　　编　　号：<u>配 D20230355</u>

1. 工作负责人：<u>张一</u>　　　　班　　组：<u>不停电作业一班</u>

2. 工作班成员（不包括工作负责人）

<u>不停电作业一班：张二、张三、张四</u>

共 <u>3</u> 人

1.【班组】
对于包含工作负责人在内有两个及以上的班组人员共同进行的工作，应填写"综合班组"。

2.【工作班成员（不包括工作负责人）】
填写除工作负责人以外的所有参与现场工作的人员。

3. 工作任务

线路名称、设备双重名称	工作地点	工作内容及人员分工	监护人
10kV 云门 112 线	02 号杆	绝缘手套作业法带电断 10kV 云门 112 线 02 号杆引流线。 斗内电工：张二、张三。 地面电工：张四	张一

3.【工作任务】
【线路名称、设备双重名称】统一为 10kV××线。
【工作地点】统一为××号杆。
【工作内容及人员分工】统一为绝缘手套（杆）作业法+作业方式+设备名称+作业项目；杆上（斗内）电工至少需要 2 名；地面电工至少需要 1 名。
【监护人】带电作业应有人监护。监护人不应直接操作，监护的范围不应超过一个作业点。

4. 计划工作时间

自 <u>2023</u> 年 <u>03</u> 月 <u>18</u> 日 <u>09</u> 时 <u>00</u> 分至 <u>2023</u> 年 <u>03</u> 月 <u>18</u> 日 <u>16</u> 时 <u>00</u> 分。

4.【计划工作时间】
填写计划检修起始时间和结束时间，该时间应在调度批准的检修时间段内。

5. 安全措施

5.1 调控或运维人员应采取的安全措施：

线路名称、设备双重名称	是否需要停用重合闸	作业点负荷侧需要停电的线路、设备	应装设的安全遮栏（围栏）和悬挂的标示牌
10kV 云门 112 线	是	10kV 云门 112 线 02 号杆云门 1 号配变高压跌落式熔断器	在 10kV 云门 112 线 02 号杆云门 1 号配变高压跌落式熔断器操作可见处悬挂"禁止合闸，线路有人工作"标示牌

5.【安全措施】
【线路名称、设备双重名称】统一为 10kV××线。
【是否需要停用重合闸】本项目作业需停用线路重合闸。
【作业点负荷侧需要停电的线路、设备】根据作业项目填写需要停电的线路、设备。对于多台配电变压器、专用变压器的停电措施应全部填写。
【应装设的安全遮栏（围栏）和悬挂的标示牌】根据停电的线路、设备填写是否需要悬挂的标示牌。

5.2 其他危险点预控措施和注意事项：

（1）带电作业应在良好天气下进行，作业前应进行风速和湿度测量。风力大于 5 级或湿度大于 80%时，不宜带电作业。若遇雷电、雪、雹、雨、雾等不良天气，不应带电作业。带电作业过程中若遇天气突然变化，有可能危及人身及设备安全时，应立即停止工作，撤离人员，恢复设备正常状况，或采取临时安全措施。

（2）在工作地点四周装设围栏（网），入口处悬挂"从此进入""在此工作"标示牌。作业时，封闭入口，并向外悬挂"止步，高压危险"标示牌。

（3）高空作业人员应穿戴好绝缘防护用具，全程正确使用安全带，10kV 绝缘操作杆有效长度不得小于 0.7m，绝缘绳索有效长度应大于 0.4m，工作前应检查安全工器具、绝缘防护用具合格、齐备，工作中应正确使用。

（4）作业前应使用验电器对线路和设备进行验电，确认无漏电现象。

（5）作业过程中，不论线路是否带电，都应始终认为线路有电。

（6）作业中，人体应保持对地不小于 0.4m；如不能确保该安全距离时，应采用绝缘遮蔽措施，遮蔽用具之间的重叠部分不得小于 150mm。作业人员严禁同时接触不同电位，防止人体串入电路。

（7）绝缘臂有效长度不小于 1m，斗臂车金属部分对带电体安全距离不小于 0.9m，绝缘斗臂车接地连接要可靠。

（8）断分支线路引线、耐张杆引流线时空载电流大于 0.1A 时应采取消弧措施。

（9）带电断引线时已断开相导线，应在采取防感应电措施后方可触及。

（10）在使用绝缘断线剪断引线时，应有防止断开的引线摆动碰及带电设备的措施。

（11）带电断空载线路时，应确认后端所有断路器（开关）、隔离开关（刀闸）已断开，变压器、电压互感器已退出运行。禁止带负荷断引线。禁止用断空载线路的方法使两个电源解列。

（12）断引线时应佩戴护目镜。

工作票签发人签名：<u>张五</u>　<u>2023</u> 年 <u>03</u> 月 <u>17</u> 日 <u>16</u> 时 <u>03</u> 分

工作票会签人签名：<u>张六</u>　<u>2023</u> 年 <u>03</u> 月 <u>17</u> 日 <u>16</u> 时 <u>15</u> 分

工作负责人签名：<u>张一</u>　<u>2023</u> 年 <u>03</u> 月 <u>17</u> 日 <u>16</u> 时 <u>25</u> 分

6. 工作许可

许可的线路、设备	许可方式	工作许可人	工作负责人签名	工作许可时间
10kV 云门 112 线 02 号杆	当面	张七	张一	2023 年 03 月 18 日 10 时 23 分

6.【工作许可】
【许可的线路、设备】10kV××线××号杆。
【许可方式】统一为：当面。
【工作许可人】手工签名、不得漏签、代签。
【工作负责人签名】手工签名、不得漏签、代签。
【工作许可时间】统一为××××年××月××日××时××分。

7. 现场补充的安全措施

无。

7.【现场补充的安全措施】
工作负责人及工作许可人可根据作业前现场实际情况补充相应的安全措施，如现场无需补充安全措施应填写"无"。

8. 现场交底，工作班成员确认工作负责人布置的工作任务、人员分工、安全措施和注意事项并签名：

<u>张二、张三、张四</u>

8.【现场交底】
所有工作班成员在明确了工作负责人、专责监护人交代的工作任务、人员分工、安全措施和注意事项后，在工作负责人所持工作票上签名，不得代签。

9. <u>2023</u>年<u>03</u>月<u>18</u>日<u>10</u>时<u>35</u>分工作负责人下令开始工作。

10. 人员变更

10.1 工作负责人变动情况：原工作负责人_____离去，变更_____为工作负责人。

工作票签发人：_____   ____年__月__日__时__分

原工作负责人签名确认：_____

新工作负责人签名确认：_____   ____年__月__日__时__分

10.2 工作人员变动情况。

新增人员	姓名				
	变更时间				
	工作负责人签名				
离开人员	姓名				
	变更时间				
	工作负责人签名				

11. 工作票延期

有效期延长到____年__月__日__时__分。

工作负责人签名：_____   ____年__月__日__时__分

工作许可人签名：_____   ____年__月__日__时__分

12. 工作终结

12.1 工作班人员已全部撤离现场，工具、材料已清理完毕，杆塔、设备上已无遗留物。

12.2 工作终结报告。

终结的线路或设备	报告方式	工作许可人	工作负责人签名	终结报告时间
10kV 云门 112 线 02 号杆	当面	张七	张一	2023 年 03 月 18 日 10 时 40 分

10.【人员变更】
包括工作负责人变动及工作人员变动，根据实际工作情况据实填写。

11.【工作票延期】
工作需延期，应在工作计划结束时间前由工作负责人向工作许可人提出申请，办理延期手续。对于需经调度许可的工作，工作许可人还应得到调度许可后，方可与工作负责人办理工作票延期手续。工作票只能延期一次。

续表

终结的线路或设备	报告方式	工作许可人	工作负责人签名	终结报告时间
				年　月 日　时　分
				年　月 日　时　分
				年　月 日　时　分

13. 备注

　　风速：3 级；湿度：50%。

13.【备注】

风速不能大于 5 级，湿度不能大于 80%；相序和负荷电流情况，根据作业项目实际需要填写；如设置专责监护人，应填写指定的专责监护人监护的人员、地点及工作内容。

3.5　带电接引流线

一、作业场景情况

（一）工作场景

绝缘手套作业法带电接 10kV 云门 112 线 02 号杆引流线。

（一）工作任务

　　绝缘遮蔽：按照由近及远，从大到小，从低到高的原则，根据现场实际对作业中可能触及的其他带电体及无法满足安全距离的接地体（导线支承件、金属紧固件、横担、拉线等）应采取绝缘遮蔽措施。

　　接中相支接线路引线：斗内电工相互配合搭接中相支接线路引线。

　　补充绝缘隔离：斗内电工做好中相导线绝缘隔离。

　　接远边相支接线路引线：斗内电工相互配合搭接远边相支接线路引线。

　　接近边相支接线路引线：斗内电工相互配合搭接近边相支接线路引线。

　　拆除绝缘遮蔽：工作结束后，撤除绝缘隔离措施，绝缘斗退出有电工作区域，作业人员返回地面。

（三）票种选择

　　配电带电作业工作票。

（四）人员分工及安排

　　本次工作有 1 个作业地点，1 台绝缘斗臂车。本工作设置绝缘斗臂车斗内作业人员 2 人，地面辅助人员 1 人。参与本次工作的共 4 人（含工作负责人），具体分工为：

　　张一（工作负责人兼任监护人）：负责工作的整体协调组织，合理安排作业人员分工。张二、张三在 10kV 云门 112 线 02 号杆进行作业。

　　张二、张三（工作班成员）：斗内电工。

张四（工作班成员）：负责地面辅助工作。

（五）场景接线图

绝缘手套作业法带电接引流线场景示意图见图 3-5。

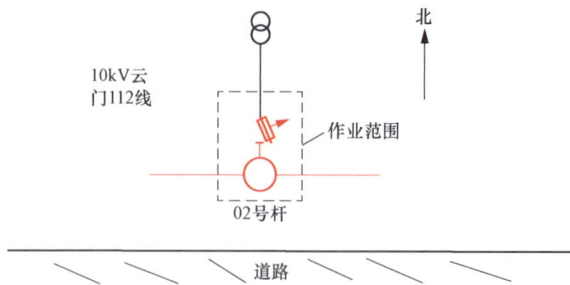

图 3-5　绝缘手套作业法带电接引流线场景示意图

二、工作票样例

配电带电作业工作票

单　位：<u>本部不停电作业中心</u>　　编　号：<u>配 D20230355</u>

1. 工作负责人：<u>张一</u>　　　**班　组：**<u>不停电作业一班</u>

2. 工作班成员（不包括工作负责人）

<u>不停电作业一班：张二、张三、张四</u>

共 <u>3</u> 人

3. 工作任务

线路名称、设备双重名称	工作地点	工作内容及人员分工	监护人
10kV 云门 112 线	02 号杆	绝缘手套作业法带电接 10kV 云门 112 线 02 号杆引流线。 斗内电工：张二、张三。 地面电工：张四	张一

4. 计划工作时间

自 <u>2023</u> 年 <u>03</u> 月 <u>18</u> 日 <u>09</u> 时 <u>00</u> 分至 <u>2023</u> 年 <u>03</u> 月 <u>18</u> 日 <u>16</u> 时 <u>00</u> 分。

1.【班组】
对于包含工作负责人在内有两个及以上的班组人员共同进行的工作，应填写"综合班组"。

2.【工作班成员（不包括工作负责人）】
填写除工作负责人以外的所有参与现场工作的人员。

3.【工作任务】
【线路名称、设备双重名称】统一为 10kV××线。
【工作地点】统一为××号杆。
【工作内容及人员分工】统一为绝缘手套（杆）作业法+作业方式+设备名称+作业项目；杆上（斗内）电工至少需要 2 名；地面电工至少需要 1 名。
【监护人】带电作业应有人监护。监护人不应直接操作，监护的范围不应超过一个作业点。

4.【计划工作时间】
填写计划检修起始时间和结束时间，该时间应在调度批准的检修时间段内。

5. 安全措施

5.1　调控或运维人员应采取的安全措施：

线路名称、设备双重名称	是否需要停用重合闸	作业点负荷侧需要停电的线路、设备	应装设的安全遮栏（围栏）和悬挂的标示牌
10kV 云门 112 线	是	10kV 云门 112 线 02 号杆云门 1 号配变高压跌落式熔断器	在 10kV 云门 112 线 02 号杆云门 1 号配变高压跌落式熔断器操作可见处悬挂"禁止合闸，线路有人工作"标示牌

5.2　其他危险点预控措施和注意事项：

（1）带电作业应在良好天气下进行，作业前应进行风速和湿度测量。风力大于 5 级或湿度大于 80% 时，不宜带电作业。若遇雷电、雪、雹、雨、雾等不良天气，不应带电作业。带电作业过程中若遇天气突然变化，有可能危及人身及设备安全时，应立即停止工作，撤离人员，恢复设备正常状况，或采取临时安全措施。

（2）在工作地点四周装设围栏（网），入口处悬挂"从此进入""在此工作"标示牌。作业时，封闭入口，并向外悬挂"止步，高压危险"标示牌。

（3）高空作业人员应穿戴好绝缘防护用具，全程正确使用安全带，10kV 绝缘操作杆有效长度不得小于 0.7m，绝缘绳索有效长度应大于 0.4m，工作前应检查安全工器具、绝缘防护用具合格、齐备，工作中应正确使用。

（4）作业前应使用验电器对线路和设备进行验电，确认无漏电现象。

（5）作业过程中，不论线路是否带电，都应始终认为线路有电。

（6）作业中，人体应保持对地不小于 0.4m；如不能确保该安全距离时，应采用绝缘遮蔽措施，遮蔽用具之间的重叠部分不得小于 150mm。作业人员严禁同时接触不同电位，防止人体串入电路。

（7）绝缘臂有效长度不小于 1m，斗臂车金属部分对带电体安全距离不小于 0.9m，绝缘斗臂车接地连接要可靠。

（8）接分支线路引线、耐张杆引流线时空载电流大于 0.1A 时应采取消弧措施。

（9）所接引线长度应适当，接引线时应有防止引线摆动的措施。

（10）带电接引线时未接通相导线，应在采取防感应电措施后方可触及。

（11）接引线时应佩戴护目镜。

5.【安全措施】

【线路名称、设备双重名称】统一为 10kV××线。

【是否需要停用重合闸】本项目作业需停用线路重合闸。

【作业点负荷侧需要停电的线路、设备】根据作业项目填写需要停电的线路、设备。对于多台配电变压器、专用变压器的停电措施应全部填写。

【应装设的安全遮栏（围栏）和悬挂的标示牌】根据停电的线路、设备填写是否需要悬挂的标示牌。

工作票签发人签名：<u>张五</u>　　<u>2023</u> 年 <u>03</u> 月 <u>17</u> 日 <u>16</u> 时 <u>03</u> 分

工作票会签人签名：<u>张六</u>　　<u>2023</u> 年 <u>03</u> 月 <u>17</u> 日 <u>16</u> 时 <u>15</u> 分

工作负责人签名：<u>张一</u>　　　<u>2023</u> 年 <u>03</u> 月 <u>17</u> 日 <u>16</u> 时 <u>25</u> 分

6. 工作许可

许可的线路、设备	许可方式	工作许可人	工作负责人签名	工作许可时间
10kV 云门 112 线 02 号杆	当面	张七	张一	2023 年 03 月 18 日 10 时 23 分

6.【工作许可】
【许可的线路、设备】10kV××线××号杆。
【许可方式】统一为：当面。
【工作许可人】手工签名、不得漏签、代签。
【工作负责人签名】手工签名、不得漏签、代签。
【工作许可时间】统一为××××年××月××日××时××分。

7. 现场补充的安全措施

无。

7.【现场补充的安全措施】
工作负责人及工作许可人可根据作业前现场实际情况补充相应的安全措施，如现场无需补充安全措施应填写"无"。

8. 现场交底，工作班成员确认工作负责人布置的工作任务、人员分工、安全措施和注意事项并签名：

张二、张三、张四

8.【现场交底】
所有工作班成员在明确了工作负责人、专责监护人交代的工作任务、人员分工、安全措施和注意事项后，在工作负责人所持工作票上签名，不得代签。

9. <u>2023</u> 年 <u>03</u> 月 <u>18</u> 日 <u>10</u> 时 <u>35</u> 分工作负责人下令开始工作。

10. 人员变更

10.1 工作负责人变动情况：原工作负责人_____离去，变更_____为工作负责人。

工作票签发人：_____　　　_____年__月__日__时__分

原工作负责人签名确认：_____

新工作负责人签名确认：_____　　_____年__月__日__时__分

10.【人员变更】
包括工作负责人变动及工作人员变动，根据实际工作情况据实填写。

10.2 工作人员变动情况。

新增人员	姓名					
	变更时间					
	工作负责人签名					
离开人员	姓名					
	变更时间					
	工作负责人签名					

11. 工作票延期

有效期延长到＿＿＿年＿＿月＿＿日＿＿时＿＿分。

工作负责人签名：＿＿＿＿＿　＿＿＿年＿＿月＿＿日＿＿时＿＿分

工作许可人签名：＿＿＿＿＿　＿＿＿年＿＿月＿＿日＿＿时＿＿分

12. 工作终结

12.1　工作班人员已全部撤离现场，工具、材料已清理完毕，杆塔、设备上已无遗留物。

12.2　工作终结报告。

终结的线路或设备	报告方式	工作许可人	工作负责人签名	终结报告时间
10kV 云门 112 线 02 号杆	当面	张七	张一	2023 年 03 月 18 日 10 时 40 分
				年　月 日　时　分
				年　月 日　时　分
				年　月 日　时　分

13. 备注

风速：3 级；湿度：50%。＿＿＿＿＿＿＿＿＿＿＿＿＿＿＿＿＿＿＿＿

11.【工作票延期】
工作需延期，应在工作计划结束时间前由工作负责人向工作许可人提出申请，办理延期手续。对于需经调度许可的工作，工作许可人还应得到调度许可后，方可与工作负责人办理工作票延期手续。工作票只能延期一次。

13.【备注】
风速不能大于 5 级，湿度不能大于 80%；相序和负荷电流情况，根据作业项目实际需要填写；如设置专责监护人，应填写指定的专责监护人监护的人员、地点及工作内容。

3.6　带电更换熔断器

一、作业场景情况

（一）工作场景

绝缘手套作业法带电更换 10kV 云门 112 线 02 号杆熔断器。

（二）工作任务

绝缘遮蔽：按照由近及远，从大到小，从低到高的原则，根据现场实际对作业中可能触及的其他带电体及无法满足安全距离的接地体（导线支承件、金属紧固件、横担、拉线等）应采取绝缘遮蔽措施。

拆熔断器两侧引线连接：斗内电工安装绝缘隔离限位挡板，先拆开跌落式熔断器上引线绝缘包裹后固定在绝缘子撑杆上；将绝缘隔离限位挡板移下，再拆开跌落式熔断器下引线绝缘包裹后固定在绝缘撑子杆上。

更换跌落式熔断器：斗内电工依此更换三相跌落式熔断器。

拆除绝缘遮蔽：斗内电工拆除绝缘隔离措施，拆跌落固定措施，绝缘斗退出有电工作区域，作业人员返回地面。

（三）票种选择

配电带电作业工作票。

（四）人员分工及安排

本次工作有 1 个作业地点，1 台绝缘斗臂车。本工作设置绝缘斗臂车斗内作业人员 2 人，地面辅助人员 1 人。参与本次工作的共 4 人（含工作负责人），具体分工为：

张一（工作负责人兼任监护人）：负责工作的整体协调组织，合理安排作业人员分工。监护张二、张三在 10kV 云门 112 线 02 号杆进行作业。

张二、张三（工作班成员）：斗内电工。

张四（工作班成员）：负责地面辅助工作。

（五）场景接线图

绝缘手套作业法带电更换熔断器场景示意图见图 3-6。

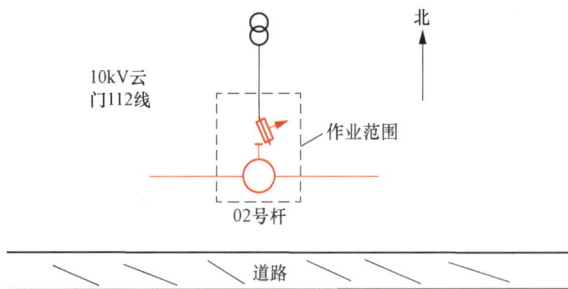

图 3-6　绝缘手套作业法带电更换熔断器场景示意图

二、工作票样例

配电带电作业工作票

单　　位：<u>本部不停电作业中心</u>　　编　　号：<u>配 D20230355</u>

1. 工作负责人： <u>张一</u>　　　　班　　组：<u>不停电作业一班</u>

2. 工作班成员（不包括工作负责人）

<u>不停电作业一班：张二、张三、张四</u>

共 <u>3</u> 人

1.【班组】
对于包含工作负责人在内有两个及以上的班组人员共同进行的工作，应填写"综合班组"。

2.【工作班成员（不包括工作负责人）】
填写除工作负责人以外的所有参与现场工作的人员。

3. 工作任务

线路名称、设备双重名称	工作地点	工作内容及人员分工	监护人
10kV 云门 112 线	02 号杆	绝缘手套作业法带电更换 10kV 云门 112 线 02 号杆熔断器。 斗内电工：张二、张三。 地面电工：张四	张一

4. 计划工作时间

自 <u>2023</u> 年 <u>03</u> 月 <u>18</u> 日 <u>09</u> 时 <u>00</u> 分至 <u>2023</u> 年 <u>03</u> 月 <u>18</u> 日 <u>16</u> 时 <u>00</u> 分。

5. 安全措施

5.1　调控或运维人员应采取的安全措施：

线路名称、设备双重名称	是否需要停用重合闸	作业点负荷侧需要停电的线路、设备	应装设的安全遮栏（围栏）和悬挂的标示牌
10kV 云门 112 线	是	10kV 云门 112 线 02 号杆云门 1 号配变高压跌落式熔断器	在 10kV 云门 112 线 02 号杆实训 1 号配变高压跌落式熔断器操作可见处悬挂"禁止合闸，线路有人工作"标示牌

5.2　其他危险点预控措施和注意事项：

（1）带电作业应在良好天气下进行，作业前应进行风速和湿度测量。风力大于 5 级或湿度大于 80%时，不宜带电作业。若遇雷电、雪、雹、雨、雾等不良天气，不应带电作业。带电作业过程中若遇天气突然变化，有可能危及人身及设备安全时，应立即停止工作，撤离人员，恢复设备正常状况，或采取临时安全措施。

（2）在工作地点四周装设围栏（网），入口处悬挂"从此进入""在此工作"标示牌。作业时，封闭入口，并向外悬挂"止步，高压危险"标示牌。

（3）高空作业人员应穿戴好绝缘防护用具，全程正确使用安全带，10kV 绝缘操作杆有效长度不得小于 0.7m，绝缘绳索有效长度应大于 0.4m，工作前应检查安全工器具、绝缘防护用具合格、齐备，工作中应正确使用。

3.【工作任务】
【线路名称、设备双重名称】统一为 10kV××线。
【工作地点】统一为××号杆。
【工作内容及人员分工】统一为绝缘手套（杆）作业法+作业方式+设备名称+作业项目；杆上（斗内）电工至少需要 2 名；地面电工至少需要 1 名。
【监护人】带电作业应有人监护。监护人不应直接操作，监护的范围不应超过一个作业点。

4.【计划工作时间】
填写计划检修起始时间和结束时间，该时间应在调度批准的检修时间段内。

5.【安全措施】
【线路名称、设备双重名称】统一为 10kV××线。
【是否需要停用重合闸】本项目需停用线路重合闸。
【作业点负荷侧需要停电的线路、设备】根据作业项目填写需要停电的线路、设备。对于多台配电变压器、专用变压器的停电措施应全部填写。
【应装设的安全遮栏（围栏）和悬挂的标示牌】根据停电的线路、设备填写是否需要悬挂的标示牌。

（4）作业前应使用验电器对线路和设备进行验电，确认无漏电现象。

（5）作业过程中，不论线路是否带电，都应始终认为线路有电。

（6）作业中，人体应保持对地不小于0.4m；如不能确保该安全距离时，应采用绝缘遮蔽措施，遮蔽用具之间的重叠部分不得小于150mm。作业人员严禁同时接触不同电位，防止人体串入电路。

（7）绝缘臂有效长度不小于 1m，斗臂车金属部分对带电体安全距离不小于 0.9m，绝缘斗臂车接地连接要可靠。

（8）工作前应检查变压器已退出运行，熔断器熔丝管已取下，并符合拆除条件。

（9）熔断器拆除上引线后和未接通前，应在采取防感应电措施后方可触及。

工作票签发人签名：张五　　2023 年 03 月 17 日 16 时 03 分

工作票会签人签名：张六　　2023 年 03 月 17 日 16 时 15 分

工作负责人签名：张一　　2023 年 03 月 17 日 16 时 25 分

6. 工作许可

许可的线路、设备	许可方式	工作许可人	工作负责人签名	工作许可时间
10kV 云门 112 线 02 号杆	当面	张七	张一	2023 年 03 月 18 日 10 时 23 分

6.【工作许可】
【许可的线路、设备】10kV××线××号杆。
【许可方式】统一为：当面。
【工作许可人】手工签名、不得漏签、代签。
【工作负责人签名】手工签名、不得漏签、代签。
【工作许可时间】统一为××××年××月××日××时××分。

7. 现场补充的安全措施

无。

7.【现场补充的安全措施】
工作负责人及工作许可人可根据作业前现场实际情况补充相应的安全措施，如现场无需补充安全措施应填写"无"。

8. 现场交底，工作班成员确认工作负责人布置的工作任务、人员分工、安全措施和注意事项并签名：

张二、张三、张四

8.【现场交底】
所有工作班成员在明确了工作负责人、专责监护人交代的工作任务、人员分工、安全措施和注意事项后，在工作负责人所持工作票上签名，不得代签。

9. 2023 年 03 月 18 日 10 时 35 分工作负责人下令开始工作。

10. 人员变更

10.1 工作负责人变动情况：原工作负责人_____离去，变更_____为工

10.【人员变更】
包括工作负责人变动及工作人员变动，根据实际工作情况据实填写。

作负责人。

工作票签发人：_____　　　　　____年___月___日___时___分

原工作负责人签名确认：_____

新工作负责人签名确认：_____　　____年___月___日___时___分

10.2　工作人员变动情况。

新增人员	姓名					
	变更时间					
	工作负责人签名					
离开人员	姓名					
	变更时间					
	工作负责人签名					

11. 工作票延期

有效期延长到____年___月___日___时___分。

工作负责人签名：_____　　____年___月___日___时___分

工作许可人签名：_____　　____年___月___日___时___分

11.【工作票延期】
工作需延期，应在工作计划结束时间前由工作负责人向工作许可人提出申请，办理延期手续。对于需经调度许可的工作，工作许可人还应得到调度许可后，方可与工作负责人办理工作票延期手续。工作票只能延期一次。

12. 工作终结

12.1　工作班人员已全部撤离现场，工具、材料已清理完毕，杆塔、设备上已无遗留物。

12.2　工作终结报告。

终结的线路或设备	报告方式	工作许可人	工作负责人签名	终结报告时间
10kV 云门 112 线 02 号杆	当面	张七	张一	2023 年 03 月 18 日 10 时 40 分
				年 月 日 时 分
				年 月 日 时 分
				年 月 日 时 分

13. 备注

风速：3 级；湿度：50%。

13.【备注】

风速不能大于 5 级，湿度不能大于 80%；相序和
负荷电流情况，根据作业项目实际需要填写；如
设置专责监护人，应填写指定的专责监护人监护
的人员、地点及工作内容。

3.7　带电更换直线杆绝缘子

一、作业场景情况

（一）工作场景

绝缘手套作业法带电更换 10kV 云门 122 线 02 号杆直线杆绝缘子。

（二）工作任务

绝缘遮蔽：按照由近及远，从大到小，从低到高的原则，根据现场实际对作业中可能触及的其他带电体及无法满足安全距离的接地体（导线支承件、金属紧固件、横担、拉线等）应采取绝缘遮蔽措施。

拆扎线：斗内电工操作绝缘斗臂车自带的吊钩钩住导线并使其略微受力，安装隔离挡板对直线绝缘子作限位隔离后，拆除扎线，斗内电工将导线吊离约 40cm。

更换直线绝缘子：斗内电工进行更换直线绝缘子，并安装好绝缘子，安装好隔离挡板。

绑扎线：斗内电工降下导线，绑扎固定。

拆除绝缘遮蔽：斗内电工拆除绝缘隔离措施，绝缘斗退出有电区域，作业人员返回地面。

（三）票种选择

配电带电作业工作票。

（四）人员分工及安排

本次工作有 1 个作业地点，1 台绝缘斗臂车。本工作设置绝缘斗臂车斗内作业人员 2 人，地面辅助人员 1 人。参与本次工作的共 4 人（含工作负责人），具体分工为：

张一（工作负责人兼任监护人）：负责工作的整体协调组织，合理安排作业人员分工。监护张二、张三在 10kV 云门 122 线 02 号杆进行作业。

张二、张三（工作班成员）：斗内电工。

张四（工作班成员）：负责地面辅助工作。

（五）场景接线图

绝缘手套作业法带电更换直线杆绝缘子场景示意图见图 3-7。

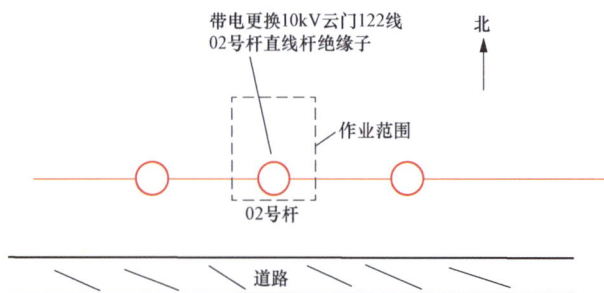

图 3-7　绝缘手套作业法带电更换直线杆绝缘子场景示意图

二、工作票样例

配电带电作业工作票

单　位：<u>本部不停电作业中心</u>　　编　号：<u>配 D20230355</u>

1. 工作负责人：<u>张一</u>　　　班　组：<u>不停电作业一班</u>

2. 工作班成员（不包括工作负责人）

<u>不停电作业一班：张二、张三、张四</u>

共 <u>3</u> 人

3. 工作任务

线路名称、设备双重名称	工作地点	工作内容及人员分工	监护人
10kV 云门 122 线	02 号杆	绝缘手套作业法带电更换 10kV 云门 122 线 02 号杆直线杆绝缘子。 斗内电工：张二、张三。 地面电工：张四	张一

4. 计划工作时间

自 <u>2023</u> 年 <u>03</u> 月 <u>18</u> 日 <u>09</u> 时 <u>00</u> 分至 <u>2023</u> 年 <u>03</u> 月 <u>18</u> 日 <u>16</u> 时 <u>00</u> 分。

5. 安全措施

5.1　调控或运维人员应采取的安全措施：

线路名称、设备双重名称	是否需要停用重合闸	作业点负荷侧需要停电的线路、设备	应装设的安全遮栏（围栏）和悬挂的标示牌
10kV 云门 122 线	是	无	无

5.2　其他危险点预控措施和注意事项：

（1）带电作业应在良好天气下进行，作业前应进行风速和湿度测量。风

1.【班组】
对于包含工作负责人在内有两个及以上的班组人员共同进行的工作，应填写"综合班组"。

2.【工作班成员（不包括工作负责人）】
填写除工作负责人以外的所有参与现场工作的人员。

3.【工作任务】
【线路名称、设备双重名称】统一为 10kV××线。
【工作地点】统一为××号杆。
【工作内容及人员分工】统一为绝缘手套（杆）作业法+作业方式+设备名称+作业项目；杆上（斗内）电工至少需要 2 名；地面电工至少需要 1 名。
【监护人】带电作业应有人监护。监护人不应直接操作，监护的范围不应超过一个作业点。

4.【计划工作时间】
填写计划检修起始时间和结束时间，该时间应在调度批准的检修时间段内。

5.【安全措施】
【线路名称、设备双重名称】统一为 10kV××线。
【是否需要停用重合闸】本项目作业需停用线路重合闸。
【作业点负荷侧需要停电的线路、设备】根据作业项目填写需要停电的线路、设备。对于多台配电变压器、专用变压器的停电措施应全部填写。
【应装设的安全遮栏（围栏）和悬挂的标示牌】根据停电的线路、设备填写是否需要悬挂的标示牌。

力大于 5 级或湿度大于 80%时，不宜带电作业。若遇雷电、雪、雹、雨、雾等不良天气，不应带电作业。带电作业过程中若遇天气突然变化，有可能危及人身及设备安全时，应立即停止工作，撤离人员，恢复设备正常状况，或采取临时安全措施。

（2）在工作地点四周装设围栏（网），入口处悬挂"从此进入""在此工作"标示牌。作业时，封闭入口，并向外悬挂"止步，高压危险"标示牌。

（3）高空作业人员应穿戴好绝缘防护用具，全程正确使用安全带，10kV 绝缘操作杆有效长度不得小于 0.7m，绝缘绳索有效长度应大于 0.4m，工作前应检查安全工器具、绝缘防护用具合格、齐备，工作中应正确使用。

（4）作业前应使用验电器对线路和设备进行验电，确认无漏电现象。

（5）作业过程中，不论线路是否带电，都应始终认为线路有电。

（6）作业中，人体应保持对地不小于0.4m；如不能确保该安全距离时，应采用绝缘遮蔽措施，遮蔽用具之间的重叠部分不得小于150mm。作业人员严禁同时接触不同电位，防止人体串入电路。

（7）绝缘臂有效长度不小于 1m，斗臂车金属部分对带电体安全距离不小于 0.9m，绝缘斗臂车接地连接要可靠。

（8）提升导线前及提升过程中，应检查两侧电杆上的绝缘子绑扎线是否牢靠，如有松动、脱线现象，应重新绑扎加固后方可进行作业。

（9）提升和下降导线时，要缓缓进行，以防止导线晃动，避免造成相间短路。绝缘小吊绳应与导线垂直，避免导线横向受力。

工作票签发人签名：<u>张五</u>　<u>2023</u> 年<u>03</u> 月<u>17</u> 日<u>16</u> 时<u>03</u> 分

工作票会签人签名：<u>张六</u>　<u>2023</u> 年<u>03</u> 月<u>17</u> 日<u>16</u> 时<u>15</u> 分

工作负责人签名：<u>张一</u>　<u>2023</u> 年<u>03</u> 月<u>17</u> 日<u>16</u> 时<u>25</u> 分

6. 工作许可

许可的线路、设备	许可方式	工作许可人	工作负责人签名	工作许可时间
10kV 云门 122 线 02 号杆	当面	张七	张一	2023 年 03 月 18 日 10 时 23 分

7. 现场补充的安全措施

无。

6.【工作许可】
【许可的线路、设备】10kV××线××号杆。
【许可方式】统一为：当面。
【工作许可人】手工签名、不得漏签、代签。
【工作负责人签名】手工签名、不得漏签、代签。
【工作许可时间】统一为××××年××月××日××时××分。

7.【现场补充的安全措施】
工作负责人及工作许可人可根据作业前现场实际情况补充相应的安全措施，如现场无需补充安全措施应填写"无"。

8. 现场交底，工作班成员确认工作负责人布置的工作任务、人员分工、安全措施和注意事项并签名：

　张二、张三、张四

9. 2023 年 03 月 18 日 10 时 35 分工作负责人下令开始工作。

10. 人员变更

10.1　工作负责人变动情况：原工作负责人＿＿＿＿＿离去，变更＿＿＿＿＿＿为工作负责人。

工作票签发人：＿＿＿＿＿　　　　＿＿＿＿年＿＿月＿＿日＿＿时＿＿分

原工作负责人签名确认：＿＿＿＿＿

新工作负责人签名确认：＿＿＿＿＿　　＿＿＿＿年＿＿月＿＿日＿＿时＿＿分

10.2　工作人员变动情况。

新增人员	姓名					
	变更时间					
	工作负责人签名					
离开人员	姓名					
	变更时间					
	工作负责人签名					

11. 工作票延期

　有效期延长到＿＿＿＿年＿＿月＿＿日＿＿时＿＿分。

工作负责人签名：＿＿＿＿＿　　＿＿＿＿年＿＿月＿＿日＿＿时＿＿分

工作许可人签名：＿＿＿＿＿　　＿＿＿＿年＿＿月＿＿日＿＿时＿＿分

12. 工作终结

12.1　工作班人员已全部撤离现场，工具、材料已清理完毕，杆塔、设备上已无遗留物。

12.2　工作终结报告。

8.【现场交底】
所有工作班成员在明确了工作负责人、专责监护人交代的工作任务、人员分工、安全措施和注意事项后，在工作负责人所持工作票上签名，不得代签。

10.【人员变更】
包括工作负责人变动及工作人员变动，根据实际工作情况据实填写。

11.【工作票延期】
工作需延期，应在工作计划结束时间前由工作负责人向工作许可人提出申请，办理延期手续。对于需经调度许可的工作，工作许可人还应得到调度许可后，方可与工作负责人办理工作票延期手续。工作票只能延期一次。

终结的线路或设备	报告方式	工作许可人	工作负责人签名	终结报告时间
10kV 云门 122 线 02 号杆	当面	张七	张一	2023 年 03 月 18 日 10 时 40 分
				年　月 日　时　分
				年　月 日　时　分
				年　月 日　时　分

13. 备注

风速：3 级；湿度：50%。

3.8　带电更换直线杆绝缘子及横担

一、作业场景情况

（一）工作场景

绝缘手套作业法带电更换 10kV 云门 122 线 02 号杆绝缘子及横担。

（二）工作任务

绝缘遮蔽：按照由近及远，从大到小，从低到高的原则，根据现场实际对作业中可能触及的其他带电体及无法满足安全距离的接地体（导线支承件、金属紧固件、横担、拉线等）应采取绝缘遮蔽措施。

逐相转移导线：斗内电工操作绝缘斗臂车自带的吊钩钩住近边相导线并使其略微受力，安装隔离挡板对直线绝缘子作限位隔离后，拆除扎线，斗内电工将导线纳入绝缘横担；同法将远边相、中相导线移入绝缘横担，垂直提升导线。

更换直线绝缘子及横担：杆上电工更换直线绝缘子及横担，恢复绝缘隔离。

逐相移回导线：斗内电工下降三相导线，逐相固定导线。

拆绝缘隔离措施：斗内电工拆除绝缘隔离措施，绝缘斗退出有电区域，作业人员返回地面。

（三）票种选择

配电带电作业工作票。

（四）人员分工及安排

本次工作有 1 个作业地点，1 台绝缘斗臂车。本工作设置绝缘斗臂车斗内作业人员 2 人，地面辅助人员 1 人。参与本次工作的共 4 人（含工作负责人），具体分工为：

张一（工作负责人兼任监护人）：负责工作的整体协调组织，合理安排作业人员分工。监护张二、张三在 10kV 云门 122 线 02 号杆进行作业。

张二、张三（工作班成员）：斗内电工。

张四（工作班成员）：负责地面辅助工作。

（五）场景接线图

绝缘手套作业法带电更换直线杆绝缘子及横担场景示意图见图 3-8。

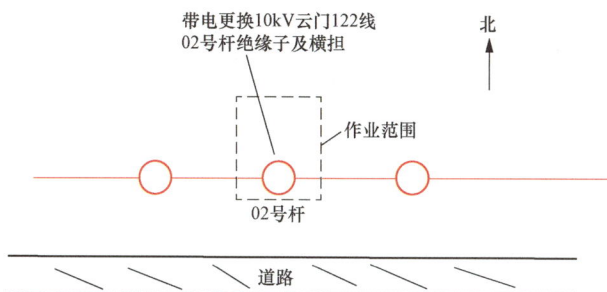

图 3-8 绝缘手套作业法带电更换直线杆绝缘子及横担场景示意图

二、工作票样例

配电带电作业工作票

单　位：<u>本部不停电作业中心</u>　　编　号：<u>配 D20230355</u>

1. 工作负责人：<u>张一</u>　　班　组：<u>不停电作业一班</u>

2. 工作班成员（不包括工作负责人）

<u>不停电作业一班：张二、张三、张四</u>

共 <u>3</u> 人

3. 工作任务

线路名称、设备双重名称	工作地点	工作内容及人员分工	监护人
10kV 云门 122 线	02 号杆	绝缘手套作业法带电更换 10kV 云门 122 线 02 号杆绝缘子及横担。斗内电工：张二、张三。地面电工：张四	张一

4. 计划工作时间

自 <u>2023</u> 年 <u>03</u> 月 <u>18</u> 日 <u>09</u> 时 <u>00</u> 分至 <u>2023</u> 年 <u>03</u> 月 <u>18</u> 时 <u>16</u> 时 <u>00</u> 分。

1.【班组】
对于包含工作负责人在内有两个及以上的班组人员共同进行的工作，应填写"综合班组"。

2.【工作班成员（不包括工作负责人）】
填写除工作负责人以外的所有参与现场工作的人员。

3.【工作任务】
【线路名称、设备双重名称】统一为 10kV××线。
【工作地点】统一为××号杆。
【工作内容及人员分工】统一为绝缘手套（杆）作业法+作业方式+设备名称+作业项目；杆上（斗内）电工至少需要 2 名；地面电工至少需要 1 名。
【监护人】带电作业应有人监护。监护人不应直接操作，监护的范围不应超过一个作业点。

4.【计划工作时间】
填写计划检修起始时间和结束时间，该时间应在调度批准的检修时间段内。

5. 安全措施

5.1　调控或运维人员应采取的安全措施：

线路名称、设备双重名称	是否需要停用重合闸	作业点负荷侧需要停电的线路、设备	应装设的安全遮栏（围栏）和悬挂的标示牌
10kV 云门 122 线	是	无	无

5.2　其他危险点预控措施和注意事项：

（1）带电作业应在良好天气下进行，作业前应进行风速和湿度测量。风力大于 5 级或湿度大于 80%时，不宜带电作业。若遇雷电、雪、雹、雨、雾等不良天气，不应带电作业。带电作业过程中若遇天气突然变化，有可能危及人身及设备安全时，应立即停止工作，撤离人员，恢复设备正常状况，或采取临时安全措施。

（2）在工作地点四周装设围栏（网），入口处悬挂"从此进入""在此工作"标示牌。作业时，封闭入口，并向外悬挂"止步，高压危险"标示牌。

（3）高空作业人员应穿戴好绝缘防护用具，全程正确使用安全带，10kV 绝缘操作杆有效长度不得小于 0.7m，绝缘绳索有效长度应大于 0.4m，工作前应检查安全工器具、绝缘防护用具合格、齐备，工作中应正确使用。

（4）作业前应使用验电器对线路和设备进行验电，确认无漏电现象。

（5）作业过程中，不论线路是否带电，都应始终认为线路有电。

（6）作业中，人体应保持对地不小于 0.4m；如不能确保该安全距离时，应采用绝缘遮蔽措施，遮蔽用具之间的重叠部分不得小于 150mm。作业人员严禁同时接触不同电位，防止人体串入电路。

（7）绝缘臂有效长度不小于 1m，斗臂车金属部分对带电体安全距离不小于 0.9m，绝缘斗臂车接地连接要可靠。

（8）提升导线前及提升过程中，应检查两侧电杆上的导线绑扎线是否牢靠，如有松动、脱线现象，应重新绑扎加固后方可进行作业。

（9）提升和下降导线时，要缓缓进行，以防止导线晃动，避免造成相间短路。

工作票签发人签名：张五　　2023 年 03 月 17 日 16 时 03 分

工作票会签人签名：张六　　2023 年 03 月 17 日 16 时 15 分

工作负责人签名：张一　　2023 年 03 月 17 日 16 时 25 分

5.【安全措施】

【线路名称、设备双重名称】统一为10kV××线。

【是否需要停用重合闸】本项目作业需停用线路重合闸。

【作业点负荷侧需要停电的线路、设备】根据作业项目填写需要停电的线路、设备。对于多台配电变压器、专用变压器的停电措施应全部填写。

【应装设的安全遮栏（围栏）和悬挂的标示牌】根据停电的线路、设备填写是否需要悬挂的标示牌。

6. 工作许可

许可的线路、设备	许可方式	工作许可人	工作负责人签名	工作许可时间
10kV 云门 122 线 02 号杆	当面	张七	张一	2023 年 03 月 18 日 10 时 23 分

7. 现场补充的安全措施

　　无。

8. 现场交底，工作班成员确认工作负责人布置的工作任务、人员分工、安全措施和注意事项并签名：

　　张二、张三、张四

9. 2023 年 03 月 18 日 10 时 35 分工作负责人下令开始工作。

10. 人员变更

10.1　工作负责人变动情况：原工作负责人_____离去，变更_____为工作负责人。

工作票签发人：_____　　　　_____年___月___日___时___分

原工作负责人签名确认：_____

新工作负责人签名确认：_____　　　　_____年___月___日___时___分

10.2　工作人员变动情况。

新增人员	姓名				
	变更时间				
	工作负责人签名				
离开人员	姓名				
	变更时间				
	工作负责人签名				

6.【工作许可】
【许可的线路、设备】10kV××线××号杆。
【许可方式】统一为：当面。
【工作许可人】手工签名、不得漏签、代签。
【工作负责人签名】手工签名、不得漏签、代签。
【工作许可时间】统一为××××年××月××日××时××分。

7.【现场补充的安全措施】
工作负责人及工作许可人可根据作业前现场实际情况补充相应的安全措施，如现场无需补充安全措施应填写"无"。

8.【现场交底】
所有工作班成员在明确了工作负责人、专责监护人交代的工作任务、人员分工、安全措施和注意事项后，在工作负责人所持工作票上签名，不得代签。

10.【人员变更】
包括工作负责人变动及工作人员变动，根据实际工作情况据实填写。

11. 工作票延期

有效期延长到_____年___月___日___时___分。

工作负责人签名：_____ _____年___月___日___时___分

工作许可人签名：_____ _____年___月___日___时___分

11.【工作票延期】
工作需延期，应在工作计划结束时间前由工作负责人向工作许可人提出申请，办理延期手续。对于需经调度许可的工作，工作许可人还应得到调度许可后，方可与工作负责人办理工作票延期手续。工作票只能延期一次。

12. 工作终结

12.1 工作班人员已全部撤离现场，工具、材料已清理完毕，杆塔、设备上已无遗留物。

12.2 工作终结报告。

终结的线路或设备	报告方式	工作许可人	工作负责人签名	终结报告时间
10kV 云门 122 线 02 号杆	当面	张七	张一	2023 年 03 月 18 日 10 时 40 分
				年 月 日 时 分
				年 月 日 时 分
				年 月 日 时 分

13. 备注

风速：3 级；湿度：50%。

13.【备注】
风速不能大于 5 级，湿度不能大于 80%；相序和负荷电流情况，根据作业项目实际需要填写；如设置专责监护人，应填写指定的专责监护人监护的人员、地点及工作内容。

3.9 带电更换耐张杆绝缘子串

一、作业场景情况

（一）工作场景

绝缘手套作业法带电更换 10kV 云门 122 线 02 号杆耐张绝缘子串。

（二）工作任务

绝缘遮蔽：按照由近及远，从大到小，从低到高的原则，根据现场实际对作业中可能触及的其他带电体及无法满足安全距离的接地体（导线支承件、金属紧固件、横担、拉线等）应采取绝缘遮蔽措施。

装绝缘紧线装置及后备保险：斗内电工安装绝缘紧线装置，略收导线至耐张绝缘子串松弛，在紧线器外侧加装后备保险。

转移张力：收紧导线，使耐张绝缘子自然松弛。

更换耐张绝缘子：斗内电工拔除耐张线夹与耐张绝缘子连接螺栓后拆除耐张绝缘子，安装新耐张绝缘子，安装耐张线夹与耐张绝缘子连接螺栓。

恢复张力：斗内电工检查受力情况，恢复张力。

拆后备保险及绝缘紧线装置：斗内电工拆除后备保险及绝缘紧线装置。

拆除绝缘遮蔽：斗内电工拆除绝缘隔离措施，绝缘斗退出有电区域，作业人员返回地面。

（三）票种选择

配电带电作业工作票。

（四）人员分工及安排

本次工作有 1 个作业地点，1 台绝缘斗臂车。本工作设置绝缘斗臂车斗内作业人员 2 人，地面辅助人员 1 人。参与本次工作的共 4 人（含工作负责人），具体分工为：

张一（工作负责人兼任监护人）：负责工作的整体协调组织，合理安排作业人员分工。监护张二、张三在 10kV 云门 122 线 02 号杆进行作业。

张二、张三（工作班成员）：斗内电工。

张四（工作班成员）：负责地面辅助工作。

（五）场景接线图

绝缘手套作业法带电更换耐张杆绝缘子串场景示意图见图 3-9。

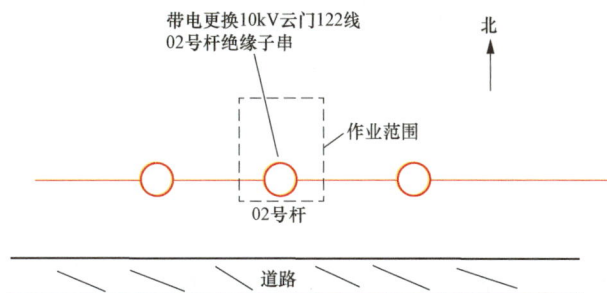

图 3-9　绝缘手套作业法带电更换耐张杆绝缘子串场景示意图

二、工作票样例

配电带电作业工作票

单　位：本部不停电作业中心　　　　编　号：配 D20230355

1. 工作负责人： 张一　　　　　班　组：不停电作业一班

2. 工作班成员（不包括工作负责人）

不停电作业一班：张二、张三、张四

共 3 人

1.【班组】
对于包含工作负责人在内有两个及以上的班组人员共同进行的工作，应填写"综合班组"。

2.【工作班成员（不包括工作负责人）】
填写除工作负责人以外的所有参与现场工作的人员。

3. 工作任务

线路名称、设备双重名称	工作地点	工作内容及人员分工	监护人
10kV 云门 122 线	02 号杆	绝缘手套作业法带电更换 10kV 云门 122 线 02 号杆耐张绝缘子串。 斗内电工：张二、张三。 地面电工：张四	张一

4. 计划工作时间

自 2023 年 03 月 18 日 09 时 00 分至 2023 年 03 月 18 日 16 时 00 分。

5. 安全措施

5.1 调控或运维人员应采取的安全措施：

线路名称、设备双重名称	是否需要停用重合闸	作业点负荷侧需要停电的线路、设备	应装设的安全遮栏（围栏）和悬挂的标示牌
10kV 云门 122 线	是	无	无

5.2 其他危险点预控措施和注意事项：

（1）带电作业应在良好天气下进行，作业前应进行风速和湿度测量。风力大于 5 级或湿度大于 80%时，不宜带电作业。若遇雷电、雪、雹、雨、雾等不良天气，不应带电作业。带电作业过程中若遇天气突然变化，有可能危及人身及设备安全时，应立即停止工作，撤离人员，恢复设备正常状况，或采取临时安全措施。

（2）在工作地点四周装设围栏（网），入口处悬挂"从此进入""在此工作"标示牌。作业时，封闭入口，并向外悬挂"止步，高压危险"标示牌。

（3）高空作业人员应穿戴好绝缘防护用具，全程正确使用安全带，10kV 绝缘操作杆有效长度不得小于 0.7m，绝缘绳索有效长度应大于 0.4m，工作前应检查安全工器具、绝缘防护用具合格、齐备，工作中应正确使用。

（4）作业前应使用验电器对线路和设备进行验电，确认无漏电现象。

（5）作业过程中，不论线路是否带电，都应始终认为线路有电。

3.【工作任务】

【线路名称、设备双重名称】统一为 10kV××线。

【工作地点】统一为××号杆。

【工作内容及人员分工】统一为绝缘手套（杆）作业法+作业方式+设备名称+作业项目；杆上（斗内）电工至少需要 2 名；地面电工至少需要 1 名。

【监护人】带电作业应有人监护。监护人不应直接操作，监护的范围不应超过一个作业点。

4.【计划工作时间】

填写计划检修起始时间和结束时间，该时间应在调度批准的检修时间段内。

5.【安全措施】

【线路名称、设备双重名称】统一为 10kV××线。

【是否需要停用重合闸】本项目作业需停用线路重合闸。

【作业点负荷侧需要停电的线路、设备】根据作业项目填写需要停电的线路、设备。对于多台配电变压器、专用变压器的停电措施应全部填写。

【应装设的安全遮栏（围栏）和悬挂的标示牌】根据停电的线路、设备填写是否需要悬挂的标示牌。

（6）作业中，人体应保持对地不小于 0.4m；如不能确保该安全距离时，应采用绝缘遮蔽措施，遮蔽用具之间的重叠部分不得小于 150mm。作业人员严禁同时接触不同电位，防止人体串入电路。

（7）绝缘臂有效长度不小于 1m，斗臂车金属部分对带电体安全距离不小于 0.9m，绝缘斗臂车接地连接要可靠。

（8）用绝缘紧线器收紧导线后，后备保护绳套应收紧固定。

（9）更换绝缘子时作业范围内的带电体与接地体应有严密的绝缘遮蔽措施。

工作票签发人签名：<u>张五</u>　　　<u>2023</u> 年 <u>03</u> 月 <u>17</u> 日 <u>16</u> 时 <u>03</u> 分

工作票会签人签名：<u>张六</u>　　　<u>2023</u> 年 <u>03</u> 月 <u>17</u> 日 <u>16</u> 时 <u>15</u> 分

工作负责人签名：<u>张一</u>　　　　<u>2023</u> 年 <u>03</u> 月 <u>17</u> 日 <u>16</u> 时 <u>25</u> 分

6. 工作许可

许可的线路、设备	许可方式	工作许可人	工作负责人签名	工作许可时间
10kV 云门 122 线 02 号杆	当面	张七	张一	2023 年 03 月 18 日 10 时 23 分

6.【工作许可】
【许可的线路、设备】10kV××线××号杆。
【许可方式】统一为：当面。
【工作许可人】手工签名、不得漏签、代签。
【工作负责人签名】手工签名、不得漏签、代签。
【工作许可时间】统一为××××年××月××日××时××分。

7. 现场补充的安全措施

无。

7.【现场补充的安全措施】
工作负责人及工作许可人可根据作业前现场实际情况补充相应的安全措施，如现场无需补充安全措施应填写"无"。

8. 现场交底，工作班成员确认工作负责人布置的工作任务、人员分工、安全措施和注意事项并签名：

张二、张三、张四

8.【现场交底】
所有工作班成员在明确了工作负责人、专责监护人交代的工作任务、人员分工、安全措施和注意事项后，在工作负责人所持工作票上签名，不得代签。

9. <u>2023</u> 年 <u>03</u> 月 <u>18</u> 日 <u>10</u> 时 <u>35</u> 分工作负责人下令开始工作。

10. 人员变更

10.1 工作负责人变动情况：原工作负责人_____离去，变更_____为工作负责人。

工作票签发人：_____　　　　　_____年___月___日___时___分

原工作负责人签名确认：_____

10.【人员变更】
包括工作负责人变动及工作人员变动，根据实际工作情况据实填写。

新工作负责人签名确认：_____　　_____年___月___日___时___分

10.2　工作人员变动情况。

新增人员	姓名					
	变更时间					
	工作负责人签名					
离开人员	姓名					
	变更时间					
	工作负责人签名					

11. 工作票延期

有效期延长到_____年___月___日___时___分。

工作负责人签名：_____　　_____年___月___日___时___分

工作许可人签名：_____　　_____年___月___日___时___分

11.【工作票延期】
工作需延期，应在工作计划结束时间前由工作负责人向工作许可人提出申请，办理延期手续。对于需经调度许可的工作，工作许可人还应得到调度许可后，方可与工作负责人办理工作票延期手续。工作票只能延期一次。

12. 工作终结

12.1　工作班人员已全部撤离现场，工具、材料已清理完毕，杆塔、设备上已无遗留物。

12.2　工作终结报告。

终结的线路或设备	报告方式	工作许可人	工作负责人签名	终结报告时间
10kV 云门 122 线 02 号杆	当面	张七	张一	2023 年 03 月 18 日 10 时 40 分
				年　月　日　时　分
				年　月　日　时　分
				年　月　日　时　分

13. 备注

　　风速：3 级；湿度：50%。

13.【备注】

风速不能大于 5 级，湿度不能大于 80%；相序和负荷电流情况，根据作业项目实际需要填写；如设置专责监护人，应填写指定的专责监护人监护的人员、地点及工作内容。

3.10　带电更换柱上开关或隔离开关

一、作业场景情况

（一）工作场景

绝缘手套作业法带电更换 10kV 云门 122 线 02 号杆柱上开关。

（二）工作任务

分柱上开关或隔离开关：斗内电工将绝缘斗调整至合适位置，在工作负责人（监护人）的同意下，将柱上开关、杆上刀闸退出运行。

绝缘遮蔽：按照由近及远，从大到小，从低到高的原则，根据现场实际对作业中可能触及的其他带电体及无法满足安全距离的接地体（导线支承件、金属紧固件、横担、拉线等）应采取绝缘遮蔽措施。

断两侧引线连接：斗内电工将绝缘斗调整到导线端，做好绝缘隔离措施后，拆开近边相引线与导线连接，并用绝缘绳（杆）保持 0.4m 安全距离，吊挂在导线上。同样方法拆开其他五根引线与导线连接。

更换柱上开关或隔离开关：全部拆除柱上开关或隔离开关两侧六根引线后，斗内电工返回地面组装吊机，配合杆上电工更换柱上开关，并安装固定好柱上开关或隔离开关和六根引线，检查柱上开关或隔离开关确在分闸位置。

恢复两侧引线连接：斗内电工将柱上开关或隔离开关两侧六根引线恢复至吊挂状态，按中相、远边相、近边相顺序，恢复柱上开关或隔离开关引线与导线连接。

拆除绝缘遮蔽：斗内电工拆除绝缘隔离措施。

合上柱上开关或隔离开关：利用合格的绝缘工具合上柱上开关或隔离开关。绝缘斗退出有电区域，作业人员返回地面。

（三）票种选择

配电带电作业工作票。

（四）人员分工及安排

本次工作有 1 个作业地点，1 台绝缘斗臂车。本工作设置绝缘斗臂车斗内作业人员 2 人，地面辅助人员 1 人。参与本次工作的共 4 人（含工作负责人），具体分工为：

张一（工作负责人兼任监护人）：负责工作的整体协调组织，合理安排作业人员分工。监护张二、张三在 10kV 云门 122 线 02 号杆进行作业。

张二、张三（工作班成员）：斗内电工。

张四（工作班成员）：负责地面辅助工作。

（五）场景接线图

绝缘手套作业法带电更换柱上开关场景示意图见图 3-10。

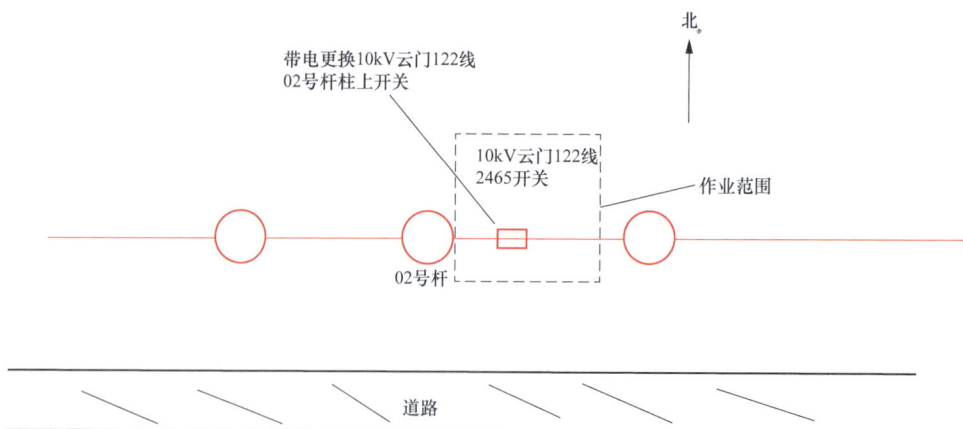

图 3-10　绝缘手套作业法带电更换柱上开关场景示意图

二、工作票样例

配电带电作业工作票

单　位：<u>本部不停电作业中心</u>　　编　号：<u>配 D20230355</u>

1. 工作负责人：<u>张一</u>　　班　组：<u>不停电作业一班</u>

2. 工作班成员（不包括工作负责人）

<u>不停电作业一班：张二、张三、张四</u>

共 <u>3</u> 人

3. 工作任务

线路名称、设备双重名称	工作地点	工作内容及人员分工	监护人
10kV 云门 122 线	02 号杆	绝缘手套作业法带电更换 10kV 云门 122 线 02 号杆柱上开关。斗内电工：张二、张三。地面电工：张四	张一

4. 计划工作时间

自 <u>2023</u> 年 <u>03</u> 月 <u>18</u> 日 <u>09</u> 时 <u>00</u> 分至 <u>2023</u> 年 <u>03</u> 月 <u>18</u> 日 <u>16</u> 时 <u>00</u> 分。

1.【班组】
对于包含工作负责人在内有两个及以上的班组人员共同进行的工作，应填写"综合班组"。

2.【工作班成员（不包括工作负责人）】
填写除工作负责人以外的所有参与现场工作的人员。

3.【工作任务】
【线路名称、设备双重名称】统一为 10kV××线。
【工作地点】统一为××号杆。
【工作内容及人员分工】统一为绝缘手套（杆）作业法+作业方式+设备名称+作业项目；杆上（斗内）电工至少需要 2 名；地面电工至少需要 1 名。
【监护人】带电作业应有人监护。监护人不应直接操作，监护的范围不应超过一个作业点。

4.【计划工作时间】
填写计划检修起始时间和结束时间，该时间应在调度批准的检修时间段内。

5. 安全措施

5.1　调控或运维人员应采取的安全措施:

线路名称、设备双重名称	是否需要停用重合闸	作业点负荷侧需要停电的线路、设备	应装设的安全遮栏(围栏)和悬挂的标示牌
10kV 云门 122 线	是	10kV 云门 122 线 02 号杆云门 1 号配变柱上开关(隔离开关)	在 10kV 云门 122 线 02 号杆云门 1 号配变柱上开关(隔离开关)操作可见处悬挂"禁止合闸,线路有人工作"标示牌

5.2　其他危险点预控措施和注意事项:

(1)带电作业应在良好天气下进行,作业前应进行风速和湿度测量。风力大于 5 级或湿度大于 80%时,不宜带电作业。若遇雷电、雪、雹、雨、雾等不良天气,不应带电作业。带电作业过程中若遇天气突然变化,有可能危及人身及设备安全时,应立即停止工作,撤离人员,恢复设备正常状况,或采取临时安全措施。

(2)在工作地点四周装设围栏(网),入口处悬挂"从此进入""在此工作"标示牌。作业时,封闭入口,并向外悬挂"止步,高压危险"标示牌。

(3)高空作业人员应穿戴好绝缘防护用具,全程正确使用安全带,10kV 绝缘操作杆有效长度不得小于 0.7m,绝缘绳索有效长度应大于 0.4m,工作前应检查安全工器具、绝缘防护用具合格、齐备,工作中应正确使用。

(4)作业前应使用验电器对线路和设备进行验电,确认无漏电现象。

(5)作业过程中,不论线路是否带电,都应始终认为线路有电。

(6)作业中,人体应保持对地不小于 0.4m;如不能确保该安全距离时,应采用绝缘遮蔽措施,遮蔽用具之间的重叠部分不得小于 150mm。作业人员严禁同时接触不同电位,防止人体串入电路。

(7)绝缘臂有效长度不小于 1m,斗臂车金属部分对带电体安全距离不小于 0.9m,绝缘斗臂车接地连接要可靠。

(8)吊装、放下柱上隔离开关、柱上开关应平稳。

(9)如隔离开关支柱绝缘子机械损伤,拆引线时应用锁杆妥善固定,并应采取防高空落物的措施。

(10)新装柱上开关带有取能用电压互感器时,电源侧应串接带有明显

5.【安全措施】
【线路名称、设备双重名称】统一为 10kV××线。
【是否需要停用重合闸】本项目作业需停用线路重合闸。
【作业点负荷侧需要停电的线路、设备】根据作业项目填写需要停电的线路、设备。对于多台配电变压器、专用变压器的停电措施应全部填写。
【应装设的安全遮栏(围栏)和悬挂的标示牌】根据停电的线路、设备填写是否需要悬挂的标示牌。

断开点的设备，防止带负荷接引，并应闭锁其自动跳闸的回路，开关操作

后应闭锁其操作机构，防止误操作。

工作票签发人签名：<u>张五</u>　　<u>2023</u> 年 <u>03</u> 月 <u>17</u> 日 <u>16</u> 时 <u>03</u> 分

工作票会签人签名：<u>张六</u>　　<u>2023</u> 年 <u>03</u> 月 <u>17</u> 日 <u>16</u> 时 <u>15</u> 分

工作负责人签名：<u>张一</u>　　<u>2023</u> 年 <u>03</u> 月 <u>17</u> 日 <u>16</u> 时 <u>25</u> 分

6. 工作许可

许可的线路、设备	许可方式	工作许可人	工作负责人签名	工作许可时间
10kV 云门 122 线 02 号杆	当面	张七	张一	2023 年 03 月 18 日 10 时 23 分

7. 现场补充的安全措施

无。

8. 现场交底，工作班成员确认工作负责人布置的工作任务、人员分工、安全措施和注意事项并签名：

张二、张三、张四

9. <u>2023</u> 年 <u>03</u> 月 <u>18</u> 日 <u>10</u> 时 <u>35</u> 分工作负责人下令开始工作。

10. 人员变更

10.1 工作负责人变动情况：原工作负责人 _____ 离去，变更 _____ 为工作负责人。

工作票签发人：_____　　　　_____ 年 __ 月 __ 日 __ 时 __ 分

原工作负责人签名确认：_____

新工作负责人签名确认：_____　　　　_____ 年 __ 月 __ 日 __ 时 __ 分

10.2 工作人员变动情况。

新增人员	姓名				
	变更时间				
	工作负责人签名				

6.【工作许可】
【许可的线路、设备】10kV××线××号杆。
【许可方式】统一为：当面。
【工作许可人】手工签名、不得漏签、代签。
【工作负责人签名】手工签名、不得漏签、代签。
【工作许可时间】统一为××××年××月××日××时××分。

7.【现场补充的安全措施】
工作负责人及工作许可人可根据作业前现场实际情况补充相应的安全措施，如现场无需补充安全措施应填写"无"。

8.【现场交底】
所有工作班成员在明确了工作负责人、专责监护人交代的工作任务、人员分工、安全措施和注意事项后，在工作负责人所持工作票上签名，不得代签。

10.【人员变更】
包括工作负责人变动及工作人员变动，根据实际工作情况据实填写。

续表

离开人员	姓名					
	变更时间					
	工作负责人签名					

11. 工作票延期

有效期延长到＿＿＿年＿＿月＿＿日＿＿时＿＿分。

工作负责人签名：＿＿＿＿　　　＿＿＿年＿＿月＿＿日＿＿时＿＿分

工作许可人签名：＿＿＿＿　　　＿＿＿年＿＿月＿＿日＿＿时＿＿分

11.【工作票延期】
工作需延期，应在工作计划结束时间前由工作负责人向工作许可人提出申请，办理延期手续。对于需经调度许可的工作，工作许可人还应得到调度许可后，方可与工作负责人办理工作票延期手续。工作票只能延期一次。

12. 工作终结

12.1　工作班人员已全部撤离现场，工具、材料已清理完毕，杆塔、设备上已无遗留物。

12.2　工作终结报告。

终结的线路或设备	报告方式	工作许可人	工作负责人签名	终结报告时间
10kV 云门 122 线 02 号杆	当面	张七	张一	2023 年 03 月 18 日 10 时 40 分
				年　月 日　时　分
				年　月 日　时　分
				年　月 日　时　分

13. 备注

风速：3 级；湿度：50%。＿＿＿＿＿＿＿＿＿＿＿＿＿＿＿＿＿＿

13.【备注】
风速不能大于 5 级，湿度不能大于 80%；相序和负荷电流情况，根据作业项目实际需要填写；如设置专责监护人，应填写指定的专责监护人监护的人员、地点及工作内容。

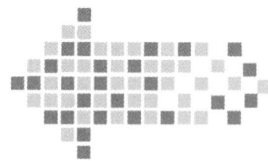

第4章　复杂绝缘杆作业法和复杂绝缘手套作业法项目

4.1　带电更换直线杆绝缘子

一、作业场景情况

（一）工作场景

绝缘杆作业法带电更换10kV云门112线02号杆绝缘子。

（二）工作任务

检查作业工器具：整理材料，对安全用具、绝缘工具进行检查，对绝缘工具应使用绝缘测试仪进行分段绝缘检测，绝缘电阻值不低于700MΩ。

绝缘遮蔽：杆上电工相互配合使用绝缘操作杆依次安装两边相及中相导线遮蔽罩、绝缘子遮蔽罩和横担遮蔽罩。

逐相转移导线：杆上电工相互配合使用多功能抱杆转移三相导线。

更换直线绝缘子：杆上电工更换直线绝缘子。

逐相移回导线：杆上电工相互配合逐相移回三相导线并固定。

拆绝缘遮蔽：杆上电工相互配合使用绝缘操作杆依次拆除两边相及中相导线遮蔽罩、绝缘子遮蔽罩和横担遮蔽罩。

（三）票种选择

配电带电作业工作票。

（四）人员分工及安排

本次工作有1个作业地点。本张工作票设置监护人1人，杆上作业人员2人，地面辅助人员1人。参与本次工作的共4人（含工作负责人），具体分工为：

张一（工作负责人兼任监护人）：负责工作的整体协调组织，合理安排作业人员分工。监护王五、王二在10kV云门112线02号杆进行作业。

王五、王二（工作班成员）：负责更换10kV云门112线02号杆绝缘子。

李四（工作班成员）：负责地面辅助工作。

（五）场景接线图

绝缘杆作业法带电更换直线杆绝缘子场景示意图见图4-1。

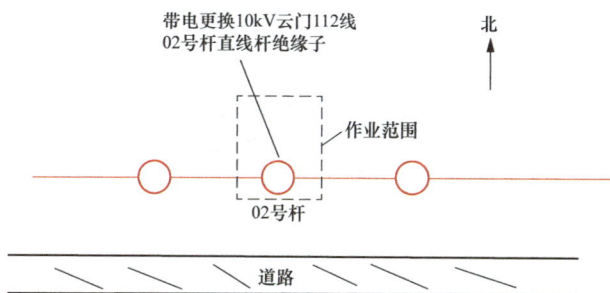

图 4-1　绝缘杆作业法带电更换直线杆绝缘子场景示意图

二、工作票样例

配电带电作业工作票

单　位：××电力工程分公司　　编　号：配 D20221156

1. 工作负责人： 张一　　　　　班　组：不停电作业一班

2. 工作班成员（不包括工作负责人）

不停电作业一班：李四、王五、王二

共 3 人

3. 工作任务

线路名称、设备双重名称	工作地点	工作内容及人员分工	监护人
10kV 云门 112 线	02 号杆	绝缘杆作业法带电更换 10kV 云门 112 线 02 号杆直线杆绝缘子。 杆上电工：王五、王二。 地面电工：李四	张一

4. 计划工作时间

自 2023 年 03 月 18 日 09 时 00 分至 2023 年 03 月 18 日 16 时 00 分。

5. 安全措施

5.1　调控或运维人员应采取的安全措施：

右侧批注栏：

1.【班组】
对于包含工作负责人在内有两个及以上的班组人员共同进行的工作，应填写"综合班组"。

2.【工作班成员（不包括工作负责人）】
填写除工作负责人以外的所有参与现场工作的人员。

3.【工作任务】
【线路名称、设备双重名称】统一为 10kV××线。
【工作地点】统一为××号杆。
【工作内容及人员分工】统一为绝缘手套（杆）作业法+作业方式+设备名称+作业项目；杆上（斗内）电工至少需要 2 名；地面电工至少需要 1 名。
【监护人】带电作业应有人监护。监护人不应直接操作，监护的范围不应超过一个作业点。

4.【计划工作时间】
填写计划检修起始时间和结束时间，该时间应在调度批准的检修时间段内。

5.【安全措施】
【线路名称、设备双重名称】统一为 10kV××线。
【是否需要停用重合闸】本项目作业需停用线路重合闸。
【作业点负荷侧需要停电的线路、设备】根据作业项目填写需要停电的线路、设备。对于多台配电变压器、专用变压器的停电措施应全部填写。
【应装设的安全遮栏（围栏）和悬挂的标示牌】根据停电的线路、设备填写是否需要悬挂的标示牌。

线路名称、设备双重名称	是否需要停用重合闸	作业点负荷侧需要停电的线路、设备	应装设的安全遮栏（围栏）和悬挂的标示牌
10kV 云门 112 线	是	无	无

5.2　其他危险点预控措施和注意事项：

（1）带电作业应在良好天气下进行，作业前应进行风速和湿度测量。风力大于 5 级或湿度大于 80%时，不宜带电作业。若遇雷电、雪、雹、雨、雾等不良天气，不应带电作业。带电作业过程中若遇天气突然变化，有可能危及人身及设备安全时，应立即停止工作，撤离人员，恢复设备正常状况，或采取临时安全措施。

（2）在工作地点四周装设围栏（网），入口处悬挂"从此进入""在此工作"标示牌。作业时，封闭入口，并向外悬挂"止步，高压危险"标示牌。

（3）高空作业人员应穿戴好绝缘防护用具，全程正确使用安全带，10kV 绝缘操作杆有效长度不得小于 0.7m，绝缘绳索有效长度应大于 0.4m，工作前应检查安全工器具、绝缘防护用具合格、齐备，工作中应正确使用。

（4）作业前应使用验电器对线路和设备进行验电，确认无漏电现象。

（5）作业过程中，不论线路是否带电，都应始终认为线路有电。

（6）作业中，人体应保持对地不小于 0.4m；如不能确保该安全距离时，应采用绝缘遮蔽措施，遮蔽用具之间的重叠部分不得小于 150mm。作业人员严禁同时接触不同电位，防止人体串入电路。

（7）绝缘臂有效长度不小于 1m，斗臂车金属部分对带电体安全距离不小于 0.9m，绝缘斗臂车接地连接要可靠。

（8）作业前，应检查作业点两侧电杆，导线及其他带电设备是固定牢靠，必要时采取加固措施。

（9）转移导线时，要缓缓进行，以防止导线晃动，避免造成相间短路。转移导线过程中，应检查两侧电杆上的导线绑扎情况。

（10）绝缘子绑扎线未绑好前不得拆卸支、拉线工具。

工作票签发人签名： 张二　　2023 年 03 月 17 日 13 时 14 分

工作票会签人签名： 王三　　2023 年 03 月 17 日 13 时 20 分

工作负责人签名： 张一　　2023 年 03 月 17 日 13 时 30 分

6. 工作许可

许可的线路、设备	许可方式	工作许可人	工作负责人签名	工作许可时间
10kV 云门 112 线 02 号杆	当面	李六	张一	2023 年 03 月 18 日 10 时 23 分
				年　月 日　时　分
				年　月 日　时　分

7. 现场补充的安全措施

　　无。_____

8. 现场交底，工作班成员确认工作负责人布置的工作任务、人员分工、安全措施和注意事项并签名：

　　李四、王五、王二_____

9. <u>2023</u> 年 <u>03</u> 月 <u>18</u> 日 <u>10</u> 时 <u>25</u> 分工作负责人下令开始工作。

10. 人员变更

10.1　工作负责人变动情况：原工作负责人_____离去，变更_____为工作负责人。

工作票签发人：_____　　　　_____年__月__日__时__分

原工作负责人签名确认：_____

新工作负责人签名确认：_____　　　　_____年__月__日__时__分

10.2　工作人员变动情况。

新增人员	姓名					
	变更时间					
	工作负责人签名					
离开人员	姓名					
	变更时间					
	工作负责人签名					

6.【工作许可】
【许可的线路、设备】10kV××线××号杆。
【许可方式】统一为：当面。
【工作许可人】手工签名、不得漏签、代签。
【工作负责人签名】手工签名、不得漏签、代签。
【工作许可时间】统一为××××年××月××日××时××分。

7.【现场补充的安全措施】
工作负责人及工作许可人可根据作业前现场实际情况补充相应的安全措施，如现场无需补充安全措施应填写"无"。

8.【现场交底】
所有工作班成员在明确了工作负责人、专责监护人交代的工作任务、人员分工、安全措施和注意事项后，在工作负责人所持工作票上签名，不得代签。

10.【人员变更】
包括工作负责人变动及工作人员变动，根据实际工作情况据实填写。

11. 工作票延期

有效期延长到＿＿＿＿年＿＿月＿＿日＿＿时＿＿分。

工作负责人签名：＿＿＿＿＿　　＿＿＿＿年＿＿月＿＿日＿＿时＿＿分

工作许可人签名：＿＿＿＿＿　　＿＿＿＿年＿＿月＿＿日＿＿时＿＿分

12. 工作终结

12.1　工作班人员已全部撤离现场，工具、材料已清理完毕，杆塔、设备上已无遗留物。

12.2　工作终结报告。

终结的线路或设备	报告方式	工作许可人	工作负责人签名	终结报告时间
10kV 云门 112 线 02 号杆	当面	李六	张一	2023 年 03 月 18 日 10 时 40 分
				年　月日　时　分
				年　月日　时　分
				年　月日　时　分

13. 备注

风速：3 级；湿度：50%。＿＿＿＿＿＿＿＿＿＿＿＿＿＿＿＿＿＿＿＿＿＿

右侧边注：

11.【工作票延期】

工作需延期，应在工作计划结束时间前由工作负责人向工作许可人提出申请，办理延期手续。对于需经调度许可的工作，工作许可人还应得到调度许可后，方可与工作负责人办理工作票延期手续。工作票只能延期一次。

13.【备注】

风速不能大于 5 级，湿度不能大于 80%；相序和负荷电流情况，根据作业项目实际需要填写；如设置专责监护人，应填写指定的专责监护人监护的人员、地点及工作内容。

4.2　带电更换直线杆绝缘子及横担

一、作业场景情况

（一）工作场景

绝缘杆作业法带电更换 10kV 云门 112 线 02 号杆绝缘子及横担。

（二）工作任务

检查作业工器具：整理材料，对安全用具、绝缘工具进行检查，对绝缘工具应使用绝缘测试仪进行分段绝缘检测，绝缘电阻值不低于 700MΩ。

绝缘遮蔽：杆上电工相互配合使用绝缘操作杆依次安装两边相及中相导线遮蔽罩、绝缘子遮蔽罩和横担遮蔽罩。

逐相转移导线：杆上电工相互配合使用多功能抱杆转移三相导线。

更换直线绝缘子及横担：杆上电工更换直线绝缘子及横担，恢复绝缘隔离。

逐相移回导线：杆上电工相互配合逐相移回三相导线并固定。

拆绝缘遮蔽：杆上电工相互配合使用绝缘操作杆依次拆除两边相及中相导线遮蔽罩、绝缘子遮蔽罩和横担遮蔽罩。

（三）票种选择

配电带电作业工作票。

（四）人员分工及安排

本次工作有 1 个作业地点。本张工作票设置监护人 1 人，杆上作业人员 2 人，地面辅助人员 1 人。参与本次工作的共 4 人（含工作负责人），具体分工为：

张三（工作负责人兼任监护人）：负责工作的整体协调组织，合理安排作业人员分工。监护王五、王二在 10kV 云门 112 线 02 号杆进行作业。

王五、王二（工作班成员）：负责更换 10kV 云门 112 线 02 号杆绝缘子及横担。

李四（工作班成员）：负责地面辅助工作。

（五）场景接线图

绝缘杆作业法带电更换直线杆绝缘子及横担场景示意图见图 4-2。

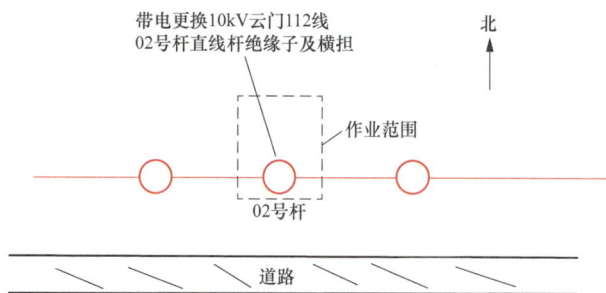

图 4-2　绝缘杆作业法带电更换直线杆绝缘子及横担场景示意图

二、工作票样例

配电带电作业工作票

单　位：××电力工程分公司　　编　号：配 D20221156

1. 工作负责人：张一　　　　班　组：不停电作业一班

2. 工作班成员（不包括工作负责人）

不停电作业一班：李四、王五、王二

共 3 人

1.【班组】
对于包含工作负责人在内有两个及以上的班组人员共同进行的工作，应填写"综合班组"。

2.【工作班成员（不包括工作负责人）】
填写除工作负责人以外的所有参与现场工作的人员。

3. 工作任务

线路名称、设备双重名称	工作地点	工作内容及人员分工	监护人
10kV 云门 112 线	02 号杆	绝缘杆作业法带电更换 10kV 云门 112 线 02 号杆直线杆绝缘子及横担。 杆上电工：王五、王二。 地面电工：李四	张一

3.【工作任务】
【线路名称、设备双重名称】统一为10kV××线。
【工作地点】统一为××号杆。
【工作内容及人员分工】统一为绝缘手套（杆）作业法+作业方式+设备名称+作业项目；杆上（斗内）电工至少需要 2 名；地面电工至少需要 1 名。
【监护人】带电作业应有人监护。监护人不应直接操作，监护的范围不应超过一个作业点。

4. 计划工作时间

自 2023 年 03 月 18 日 09 时 00 分至 2023 年 03 月 18 日 16 时 00 分。

4.【计划工作时间】
填写计划检修起始时间和结束时间，该时间应在调度批准的检修时间段内。

5. 安全措施

5.1 调控或运维人员应采取的安全措施：

线路名称、设备双重名称	是否需要停用重合闸	作业点负荷侧需要停电的线路、设备	应装设的安全遮栏（围栏）和悬挂的标示牌
10kV 云门 112 线	是	无	无

5.【安全措施】
【线路名称、设备双重名称】统一为10kV××线。
【是否需要停用重合闸】本项目作业需停用线路重合闸。
【作业点负荷侧需要停电的线路、设备】根据作业项目填写需要停电的线路、设备。对于多台配电变压器、专用变压器的停电措施应全部填写。
【应装设的安全遮栏（围栏）和悬挂的标示牌】根据停电的线路、设备填写是否需要悬挂的标示牌。

5.2 其他危险点预控措施和注意事项：

（1）带电作业应在良好天气下进行，作业前应进行风速和湿度测量。风力大于 5 级或湿度大于 80%时，不宜带电作业。若遇雷电、雪、雹、雨、雾等不良天气，不应带电作业。带电作业过程中若遇天气突然变化，有可能危及人身及设备安全时，应立即停止工作，撤离人员，恢复设备正常状况，或采取临时安全措施。

（2）在工作地点四周装设围栏（网），入口处悬挂"从此进入""在此工作"标示牌。作业时，封闭入口，并向外悬挂"止步，高压危险"标示牌。

（3）高空作业人员应穿戴好绝缘防护用具，全程正确使用安全带，10kV 绝缘操作杆有效长度不得小于 0.7m，绝缘绳索有效长度应大于 0.4m，工作前应检查安全工器具、绝缘防护用具合格、齐备，工作中应正确使用。

（4）作业前应使用验电器对线路和设备进行验电，确认无漏电现象。

（5）作业过程中，不论线路是否带电，都应始终认为线路有电。

（6）作业中，人体应保持对地不小于 0.4m；如不能确保该安全距离时，应采用绝缘遮蔽措施，遮蔽用具之间的重叠部分不得小于 150mm。作业人员严禁同时接触不同电位，防止人体串入电路。

（7）绝缘臂有效长度不小于 1m，斗臂车金属部分对带电体安全距离不小于 0.9m，绝缘斗臂车接地连接要可靠。

（8）作业前，应检查作业点两侧电杆，导线及其他带电设备是固定牢靠，必要时采取加固措施。

（9）转移导线时，要缓缓进行，以防止导线晃动，避免造成相间短路。转移导线过程中，应检查两侧电杆上的导线绑扎情况。

（10）绝缘子绑扎线未绑好前不得拆卸支、拉线工具。

工作票签发人签名：<u>张二</u>　　<u>2023</u> 年 <u>03</u> 月 <u>17</u> 日 <u>13</u> 时 <u>14</u> 分

工作票会签人签名：<u>王三</u>　　<u>2023</u> 年 <u>03</u> 月 <u>17</u> 日 <u>13</u> 时 <u>20</u> 分

工作负责人签名：<u>张一</u>　　<u>2023</u> 年 <u>03</u> 月 <u>17</u> 日 <u>13</u> 时 <u>30</u> 分

6. 工作许可

许可的线路、设备	许可方式	工作许可人	工作负责人签名	工作许可时间
10kV 云门 112 线 02 号杆	当面	李六	张一	2023 年 03 月 18 日 10 时 23 分
				年　　月 日　时　分
				年　　月 日　时　分

7. 现场补充的安全措施

无。

8. 现场交底，工作班成员确认工作负责人布置的工作任务、人员分工、安全措施和注意事项并签名：

李四、王五、王二

9. <u>2023</u> 年 <u>03</u> 月 <u>18</u> 日 <u>10</u> 时 <u>25</u> 分工作负责人下令开始工作。

6.【工作许可】
【许可的线路、设备】10kV××线××号杆。
【许可方式】统一为：当面。
【工作许可人】手工签名、不得漏签、代签。
【工作负责人签名】手工签名、不得漏签、代签。
【工作许可时间】统一为××××年××月××日××时××分。

7.【现场补充的安全措施】
工作负责人及工作许可人可根据作业前现场实际情况补充相应的安全措施，如现场无需补充安全措施应填写"无"。

8.【现场交底】
所有工作班成员在明确了工作负责人、专责监护人交代的工作任务、人员分工、安全措施和注意事项后，在工作负责人所持工作票上签名，不得代签。

10. 人员变更

10.1　工作负责人变动情况：原工作负责人_____离去，变更_____为工作负责人。

工作票签发人：_____　　　　_____年___月___日___时___分

原工作负责人签名确认：_____

新工作负责人签名确认：_____　　_____年___月___日___时___分

10.2　工作人员变动情况。

新增人员	姓名					
	变更时间					
	工作负责人签名					
离开人员	姓名					
	变更时间					
	工作负责人签名					

11. 工作票延期

有效期延长到_____年___月___日___时___分。

工作负责人签名：_____　　　　_____年___月___日___时___分

工作许可人签名：_____　　　　_____年___月___日___时___分

12. 工作终结

12.1　工作班人员已全部撤离现场，工具、材料已清理完毕，杆塔、设备上已无遗留物。

12.2　工作终结报告。

终结的线路或设备	报告方式	工作许可人	工作负责人签名	终结报告时间
10kV 云门 112 线 02 号杆	当面	李六	张一	2023 年 03 月 18 日 10 时 40 分
				年　月　日　时　分

10.【人员变更】
包括工作负责人变动及工作人员变动，根据实际工作情况据实填写。

11.【工作票延期】
工作需延期，应在工作计划结束时间前由工作负责人向工作许可人提出申请，办理延期手续。对于需经调度许可的工作，工作许可人还应得到调度许可后，方可与工作负责人办理工作票延期手续。工作票只能延期一次。

续表

终结的线路或设备	报告方式	工作许可人	工作负责人签名	终结报告时间
				年　月 日　时　分
				年　月 日　时　分

13. 备注

　　风速：3 级；湿度：50%。

13.【备注】
风速不能大于 5 级，湿度不能大于 80%；相序和
负荷电流情况，根据作业项目实际需要填写；如
设置专责监护人，应填写指定的专责监护人监护
的人员、地点及工作内容。

4.3　带电更换熔断器

一、作业场景情况

（一）工作场景

绝缘杆作业法带电更换 10kV 云门 112 线 02 号杆跌落式熔断器。

（二）工作任务

检查作业工器具：整理材料，对安全用具、绝缘工具进行检查，对绝缘工具应使用绝缘测试仪进行分段绝缘检测，绝缘电阻值不低于 700MΩ。

检查作业点后段无负载：检查作业点后段无负载，可以采取人员现场确认或仪表测定两种检查形式。

安装绝缘隔离：杆上电工相互配合视情况做绝缘隔离。

拆跌落式熔断器上引线：杆上电工相互配合，按照"近—远—中"的顺序，使用绝缘操作杆拆开三相跌落式熔断器上引线，固定尾线。

更换跌落式熔断器：杆上电工更换三相跌落式熔断器。

接三相跌落式熔断器上引线：杆上电工相互配合，按照"中—远—近"的顺序，使用绝缘操作杆搭接三相跌落式熔断器上引线。

拆除绝缘隔离：撤除绝缘隔离，作业人员返回地面。

（三）票种选择

配电带电作业工作票。

（四）人员分工及安排

本次工作有 1 个作业地点。本张工作票设置监护人 1 人，杆上作业人员 2 人，地面辅助人员 1 人。参与本次工作的共 4 人（含工作负责人），具体分工为：

张三（工作负责人兼任监护人）：负责工作的整体协调组织，合理安排作业人员分工。监护王五、王二在 10kV 云门 112 线 02 号杆进行作业。

王五、王二（工作班成员）：负责更换 10kV 云门 112 线 02 号杆跌落式熔断器。

王三（工作班成员）：负责地面辅助工作。

（五）场景接线图

绝缘杆作业法带电更换熔断器场景示意图见图 4-3。

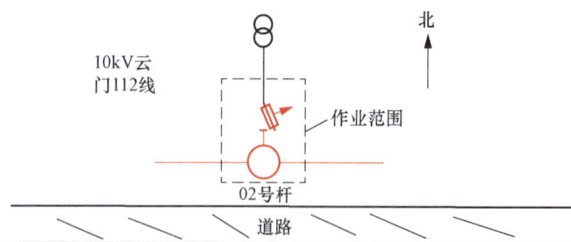

图 4-3　绝缘杆作业法带电更换熔断器场景示意图

二、工作票样例

配电带电作业工作票

单　位：××电力工程分公司　　编　号：配 D20221156

1. 工作负责人：张三　　　　　班　组：不停电作业一班

2. 工作班成员（不包括工作负责人）

不停电作业一班：王五、王二、王三

共 __3__ 人

3. 工作任务

线路名称、设备双重名称	工作地点	工作内容及人员分工	监护人
10kV 云门 112 线	02 号杆	绝缘杆作业法带电更换 10kV 云门 112 线 02 号杆跌落式熔断器。 斗内电工：王五、王二。 地面电工：王三	张三

4. 计划工作时间

自 2023 年 03 月 18 日 09 时 00 分至 2023 年 03 月 18 日 16 时 00 分。

1.【班组】
对于包含工作负责人在内有两个及以上的班组人员共同进行的工作，应填写"综合班组"。

2.【工作班成员（不包括工作负责人）】
填写除工作负责人以外的所有参与现场工作的人员。

3.【工作任务】
【线路名称、设备双重名称】统一为 10kV××线。
【工作地点】统一为××号杆。
【工作内容及人员分工】统一为绝缘手套（杆）作业法+作业方式+设备名称+作业项目；杆上（斗内）电工至少需要 2 名；地面电工至少需要 1 名。
【监护人】带电作业应有人监护。监护人不应直接操作，监护的范围不应超过一个作业点。

4.【计划工作时间】
填写计划检修起始时间和结束时间，该时间应在调度批准的检修时间段内。

5. 安全措施

5.1　调控或运维人员应采取的安全措施：

线路名称、设备双重名称	是否需要停用重合闸	作业点负荷侧需要停电的线路、设备	应装设的安全遮栏（围栏）和悬挂的标示牌
10kV 云门 112 线	是	10kV 云门 112 线 02 号杆云门 1 号配变高压跌落式熔断器	在 10kV 云门 112 线 02 号杆实训 1 号配变高压跌落式熔断器操作可见处悬挂"禁止合闸，线路有人工作"标示牌

5.2　其他危险点预控措施和注意事项：

（1）带电作业应在良好天气下进行，作业前应进行风速和湿度测量。风力大于 5 级或湿度大于 80%时，不宜带电作业。若遇雷电、雪、雹、雨、雾等不良天气，不应带电作业。带电作业过程中若遇天气突然变化，有可能危及人身及设备安全时，应立即停止工作，撤离人员，恢复设备正常状况，或采取临时安全措施。

（2）在工作地点四周装设围栏（网），入口处悬挂"从此进出""在此工作"标示牌。作业时，封闭入口，并向外悬挂"止步，高压危险"标示牌。

（3）高空作业人员应穿戴好绝缘防护用具，全程正确使用安全带，10kV 绝缘操作杆有效长度应大于 0.7m，绝缘绳索有效长度应大于 0.4m，工作前应检查安全工器具、绝缘防护用具合格、齐备，工作中应正确使用。

（4）作业前应使用验电器对线路和设备进行验电，确认无漏电现象。

（5）作业过程中，不论线路是否带电，都应始终认为线路有电。

（6）作业中，人体应保持对地不小于 0.4m；如不能确保该安全距离时，应采用绝缘遮蔽措施，遮蔽用具之间的重叠部分不得小于 150mm。作业人员严禁同时接触不同电位，防止人体串入电路。

（7）工作前应检查变压器已退出运行，熔断器熔丝管已取下，并符合拆除条件。

工作票签发人签名：张一　　2023 年 03 月 17 日 13 时 14 分

工作票会签人签名：王一　　2023 年 03 月 17 日 13 时 20 分

工作负责人签名：张三　　2023 年 03 月 17 日 13 时 30 分

5.【安全措施】
【线路名称、设备双重名称】统一为 10kV××线。
【是否需要停用重合闸】本项目需停用线路重合闸。
【作业点负荷侧需要停电的线路、设备】根据作业项目填写需要停电的线路、设备。对于多台配电变压器、专用变压器的停电措施应全部填写。
【应装设的安全遮栏（围栏）和悬挂的标示牌】根据停电的线路、设备填写是否需要悬挂的标示牌。

6. 工作许可

许可的线路、设备	许可方式	工作许可人	工作负责人签名	工作许可时间
10kV 云门 112 线 02 号杆	当面	李一	张三	2023 年 03 月 18 日 10 时 23 分
				年　月　日　时　分
				年　月　日　时　分

6.【工作许可】
【许可的线路、设备】10kV××线××号杆。
【许可方式】统一为：当面。
【工作许可人】手工签名、不得漏签、代签。
【工作负责人签名】手工签名、不得漏签、代签。
【工作许可时间】统一为××××年××月××日××时××分。

7. 现场补充的安全措施

无。

7.【现场补充的安全措施】
工作负责人及工作许可人可根据作业前现场实际情况补充相应的安全措施，如现场无需补充安全措施应填写"无"。

8. 现场交底，工作班成员确认工作负责人布置的工作任务、人员分工、安全措施和注意事项并签名：

王五、王二、王三

8.【现场交底】
所有工作班成员在明确了工作负责人、专责监护人交代的工作任务、人员分工、安全措施和注意事项后，在工作负责人所持工作票上签名，不得代签。

9. <u>2023</u> 年 <u>03</u> 月 <u>18</u> 日 <u>10</u> 时 <u>25</u> 分工作负责人下令开始工作。

10. 人员变更

10.1 工作负责人变动情况：原工作负责人_____离去，变更_____为工作负责人。

工作票签发人：_____　　　　　____年__月__日__时__分

原工作负责人签名确认：_____

新工作负责人签名确认：_____　　　____年__月__日__时__分

10.【人员变更】
包括工作负责人变动及工作人员变动，根据实际工作情况据实填写。

10.2 工作人员变动情况。

新增人员	姓名					
	变更时间					
	工作负责人签名					
离开人员	姓名					
	变更时间					
	工作负责人签名					

11. 工作票延期

　有效期延长到_____年___月___日___时___分。

　工作负责人签名：_____　_____年___月___日___时___分

　工作许可人签名：_____　_____年___月___日___时___分

11.【工作票延期】

工作需延期，应在工作计划结束时间前由工作负责人向工作许可人提出申请，办理延期手续。对于需经调度许可的工作，工作许可人还应得到调度许可后，方可与工作负责人办理工作票延期手续。工作票只能延期一次。

12. 工作终结

12.1　工作班人员已全部撤离现场，工具、材料已清理完毕，杆塔、设备上已无遗留物。

12.2　工作终结报告。

终结的线路或设备	报告方式	工作许可人	工作负责人签名	终结报告时间
10kV 云门 112 线 02 号杆	当面	李一	张三	2023 年 03 月 18 日 10 时 40 分
				年　月　日　时　分
				年　月　日　时　分
				年　月　日　时　分

13. 备注

　风速：3 级；湿度：50%。

13.【备注】

风速不能大于 5 级，湿度不能大于 80%；相序和负荷电流情况，根据作业项目实际需要填写；如设置专责监护人，应填写指定的专责监护人监护的人员、地点及工作内容。

4.4　带电更换耐张绝缘子串及横担

一、作业场景情况

（一）工作场景

绝缘手套作业法带电更换 10kV 云门 112 线 02 号杆耐张绝缘子串及横担。

（二）工作任务

　检查作业工器具：整理材料，对安全用具、绝缘工具进行检查，对绝缘工具应使用绝缘测试仪进行分段绝缘检测，绝缘电阻值不低于 700MΩ。查看绝缘臂、绝缘斗良好，调试斗臂车。

　做绝缘隔离措施：斗内电工操作绝缘斗视情况安装绝缘隔离措施。

安装绝缘横担：斗内电工配合在横担下方适当位置装设绝缘横担。

逐相转移导线：斗内电工安装绝缘紧线装置，略收导线至耐张绝缘子串松弛，在紧线器外侧加装后备保险，收紧导线，使耐张绝缘子自然松弛，斗内电工脱开耐张线夹与绝缘子串的碗头挂板，使绝缘子串脱离导线，用绝缘绳连接两侧耐张线夹，并检查确认是否牢固可靠。斗内电工缓慢松线，使绝缘绳受力；斗内电工各自拆除紧线器，逐相转移导线至绝缘横担。

更换耐张绝缘子及横担：斗内电工更换耐张绝缘子串及横担，恢复绝缘遮蔽。

逐相移回导线：逐相转移并安装绝缘紧线装置，略收导线至绝缘绳松弛，在紧线器外侧加装后备保险，收紧导线，连接耐张线夹与绝缘子串的碗头挂板，检查受力情况，缓慢松线恢复张力；斗内电工各自拆除紧线器。

拆后备保险及绝缘紧线装置：斗内电工拆除后备保险及绝缘紧线装置。

拆绝缘隔离：斗内电工拆除绝缘隔离措施，绝缘斗退出有电工作区域，专业人员返回地面。

（三）票种选择

配电带电作业工作票。

（四）人员分工及安排

本次工作有 1 个作业地点。本张工作票设置监护人 1 人，绝缘斗臂车作业人员 2 人，地面辅助人员 1 人。参与本次工作的共 4 人（含工作负责人），具体分工为：

张三（工作负责人兼任监护人）：负责工作的整体协调组织，合理安排作业人员分工。监护王五、王二在 10kV 云门 112 线 02 号杆进行作业。

王五、王二（工作班成员）：负责更换 10kV 云门 112 线 02 号杆耐张绝缘子串及横担。

王一（工作班成员）：负责地面辅助工作。

（五）场景接线图

绝缘手套作业法带电更换耐张绝缘子串及横担场景示意图见图 4-4。

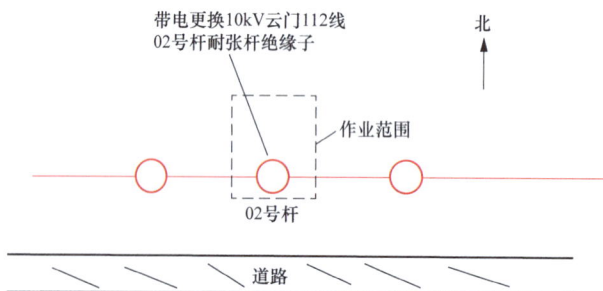

图 4-4　绝缘手套作业法带电更换耐张绝缘子串及横担场景示意图

二、工作票样例

配电带电作业工作票

单　位：××电力工程分公司　　　编　号：配 D20221156

1. 工作负责人：张三　　　　班　组：不停电作业一班

1.【班组】

对于包含工作负责人在内有两个及以上的班组人员共同进行的工作，应填写"综合班组"。

2. 工作班成员（不包括工作负责人）

不停电作业一班：王五、王二、王一

共 <u>3</u> 人

2.【工作班成员（不包括工作负责人）】
填写除工作负责人以外的所有参与现场工作的人员。

3. 工作任务

线路名称、设备双重名称	工作地点	工作内容及人员分工	监护人
10kV 云门 112 线	02 号杆	带电更换 10kV 云门 112 线 02 号杆耐张绝缘子串及横担。 斗内电工：王五、王二。 地面电工：王一	张三

3.【工作任务】
【线路名称、设备双重名称】统一为 10kV××线。
【工作地点】统一为××号杆。
【工作内容及人员分工】统一为绝缘手套（杆）作业法+作业方式+设备名称+作业项目；杆上（斗内）电工至少需要 2 名；地面电工至少需要 1 名。
【监护人】带电作业应有人监护。监护人不应直接操作，监护的范围不应超过一个作业点。

4. 计划工作时间

自 <u>2023</u> 年 <u>03</u> 月 <u>18</u> 日 <u>09</u> 时 <u>00</u> 分至 <u>2023</u> 年 <u>03</u> 月 <u>18</u> 日 <u>16</u> 时 <u>00</u> 分。

4.【计划工作时间】
填写计划检修起始时间和结束时间，该时间应在调度批准的检修时间段内。

5. 安全措施

5.1　调控或运维人员应采取的安全措施：

线路名称、设备双重名称	是否需要停用重合闸	作业点负荷侧需要停电的线路、设备	应装设的安全遮栏（围栏）和悬挂的标示牌
10kV 云门 112 线	是	无	无

5.【安全措施】
【线路名称、设备双重名称】统一为 10kV××线。
【是否需要停用重合闸】本项目需停用线路重合闸。
【作业点负荷侧需要停电的线路、设备】根据作业项目填写需要停电的线路、设备。对于多台配电变压器、专用变压器的停电措施应全部填写。
【应装设的安全遮栏（围栏）和悬挂的标示牌】根据停电的线路、设备填写是否需要悬挂的标示牌。

5.2　其他危险点预控措施和注意事项：

（1）带电作业应在良好天气下进行，作业前应进行风速和湿度测量。风力大于 5 级或湿度大于 80%时，不宜带电作业。若遇雷电、雪、雹、雨、雾等不良天气，不应带电作业。带电作业过程中若遇天气突然变化，有可能危及人身及设备安全时，应立即停止工作，撤离人员，恢复设备正常状况，或采取临时安全措施。

（2）在工作地点四周装设围栏（网），入口处悬挂"从此进入""在此工作"标示牌。作业时，封闭入口，并向外悬挂"止步，高压危险"标示牌。

（3）高空作业人员应穿戴好绝缘防护用具，全程正确使用安全带，10kV

绝缘操作杆有效长度不得小于 0.7m，绝缘绳索有效长度应大于 0.4m，工作前应检查安全工器具、绝缘防护用具合格、齐备，工作中应正确使用。

（4）作业前应使用验电器对线路和设备进行验电，确认无漏电现象。

（5）作业过程中，不论线路是否带电，都应始终认为线路有电。

（6）作业中，人体应保持对地不小于 0.4m；如不能确保该安全距离时，应采用绝缘遮蔽措施，遮蔽用具之间的重叠部分不得小于 150mm。作业人员严禁同时接触不同电位，防止人体串入电路。

（7）绝缘臂有效长度不小于 1m，斗臂车金属部分对带电体安全距离不小于 0.9m，绝缘斗臂车接地连接要可靠。

（8）用绝缘紧线器收紧导线后，后备保护绳套应收紧固定。

（9）更换耐张绝缘子时作业范围内的带电体与接地体应有严密的绝缘遮蔽措施。

工作票签发人签名：<u>张一</u>　　<u>2023</u> 年 <u>03</u> 月 <u>17</u> 日 <u>13</u> 时 <u>14</u> 分

工作票会签人签名：<u>王三</u>　　<u>2023</u> 年 <u>03</u> 月 <u>17</u> 日 <u>13</u> 时 <u>20</u> 分

工作负责人签名：<u>张三</u>　　<u>2023</u> 年 <u>03</u> 月 <u>17</u> 日 <u>13</u> 时 <u>30</u> 分

6. 工作许可

许可的线路、设备	许可方式	工作许可人	工作负责人签名	工作许可时间
10kV 云门 112 线 02 号杆	当面	李一	张三	2023 年 03 月 18 日 10 时 23 分
				年　月 日　时　分
				年　月 日　时　分

6.【工作许可】
【许可的线路、设备】10kV××线××号杆。
【许可方式】统一为：当面。
【工作许可人】手工签名、不得漏签、代签。
【工作负责人签名】手工签名、不得漏签、代签。
【工作许可时间】统一为××××年××月××日××时××分。

7. 现场补充的安全措施

无。

7.【现场补充的安全措施】
工作负责人及工作许可人可根据作业前现场实际情况补充相应的安全措施，如现场无需补充安全措施应填写"无"。

8. 现场交底，工作班成员确认工作负责人布置的工作任务、人员分工、安全措施和注意事项并签名：

　　<u>王五、王二、王一</u>

8.【现场交底】
所有工作班成员在明确了工作负责人、专责监护人交代的工作任务、人员分工、安全措施和注意事项后，在工作负责人所持工作票上签名，不得代签。

9. <u>2023</u> 年 <u>03</u> 月 <u>18</u> 日 <u>10</u> 时 <u>25</u> 分工作负责人下令开始工作。

10. 人员变更

10.1　工作负责人变动情况：原工作负责人_____离去，变更_____为工作负责人。

工作票签发人：_____　　　　　____年__月__日__时__分

原工作负责人签名确认：_____

新工作负责人签名确认：_____　　　____年__月__日__时__分

10.2　工作人员变动情况。

新增人员	姓名				
	变更时间				
	工作负责人签名				
离开人员	姓名				
	变更时间				
	工作负责人签名				

11. 工作票延期

　　有效期延长到____年__月__日__时__分。

工作负责人签名：_____　　　____年__月__日__时__分

工作许可人签名：_____　　　____年__月__日__时__分

12. 工作终结

12.1　工作班人员已全部撤离现场，工具、材料已清理完毕，杆塔、设备上已无遗留物。

12.2　工作终结报告。

终结的线路或设备	报告方式	工作许可人	工作负责人签名	终结报告时间
10kV 云门 112 线 02 号杆	当面	李一	张三	2023 年 03 月 18 日 10 时 40 分

续表

终结的线路或设备	报告方式	工作许可人	工作负责人签名	终结报告时间
				年　月 日　时　分
				年　月 日　时　分
				年　月 日　时　分

13. 备注

风速：3 级；湿度：50%。

13.【备注】

风速不能大于 5 级，湿度不能大于 80%；相序和负荷电流情况，根据作业项目实际需要填写；如设置专责监护人，应填写指定的专责监护人监护的人员、地点及工作内容。

4.5　带电组立或撤除直线电杆

一、作业场景情况

（一）工作场景

绝缘手套作业法带电在 10kV 云门 112 线 02 号杆至 03 号杆之间新立电杆一根。

（二）工作任务

检查作业工器具：整理材料，对安全用具、绝缘工具进行检查，对绝缘工具应使用绝缘测试仪进行分段绝缘检测，绝缘电阻值不低于 700MΩ。查看绝缘臂、绝缘斗良好，调试斗臂车。

安装绝缘遮蔽措施：按照由近及远，从大到小，从低到高的原则，根据现场实际对作业中可能触及的其他带电体及无法满足安全距离的接地体（导线支承件、金属紧固件、横担、拉线等）应采取绝缘遮蔽措施。

电杆起吊：工作负责人指挥在电杆合适位置安装绝缘绳套，将吊钩朝向杆梢穿入，指挥将电杆起吊。

电杆起立：工作负责人指挥将电杆起立，接近导线时，地面电工控制辅助拉绳拉开两边相导线，斗内电工控制辅助拉绳拉开中相导线，保证电杆与导线保持适当距离。

电杆就位：工作负责人指挥吊车操作员收钢丝绳，待电杆稍稍离地，指挥地面人员将杆根纳入杆洞，指挥吊车操作员松钢丝绳，电杆垂直入洞；地面电工控制辅助拉绳确保电杆两侧边相绝缘隔离措施有效，斗内电工控制辅助拉绳确保电杆两侧中相绝缘隔离措施有效，地面电工正杆，回土夯实，吊钩脱离，拆除钢丝绳套。

固定导线：斗内电工相互配合先中相后边相，逐相将导线提升至绝缘子，绑扎固定后，拆除绝缘隔离措施。

工作完成：工作完成后斗内电工按照"从远到近，从上到下、先接地体后带电体"拆除遮蔽原则拆除绝缘遮蔽隔离措施。绝缘斗退出带电作业工作区域，作业人员返回地面。

（三）票种选择

配电带电作业工作票。

（四）人员分工及安排

本次工作有 1 个作业地点，1 台绝缘斗臂车。本张工作票设置专责监护人 1 人，绝缘斗臂车作业人员 2 人，地面辅助人员 2 人，吊车驾驶员 1 人，吊车指挥员 1 人。参与本次工作的共 8 人（含工作负责人），具体分工为：

张三（工作负责人兼任监护人）：负责工作的整体协调组织，合理安排作业人员分工。负责监护斗内电工王五、王二在 10kV 云门 112 线 02 号杆至 03 号杆进行作业。

李四（专责监护人）：负责监护吊车驾驶员李某、吊车指挥员王某工作。

王一、刘三（地面成员）：负责地面辅助工作。

（五）场景接线图

绝缘手套作业法带电组立直线电杆场景示意图见图 4-5。

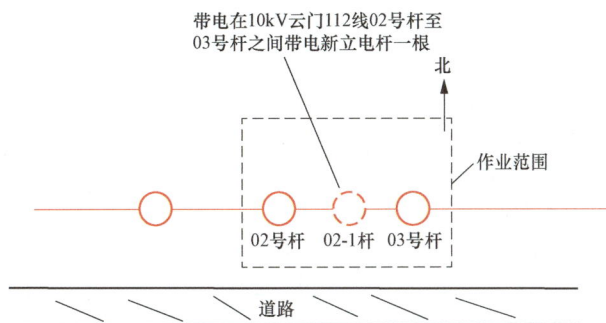

图 4-5　绝缘手套作业法带电组立直线电杆场景示意图

二、工作票样例

配电带电作业工作票

单　位：××电力工程分公司　　　编　号：配 D20221156

1. 工作负责人：张三　　　　　班　组：不停电作业一班

2. 工作班成员（不包括工作负责人）

不停电作业一班：李四、王五、王二、王一、刘三

吊车驾驶员：李某

吊车指挥员：王某

共 7 人

1.【班组】
对于包含工作负责人在内有两个及以上的班组人员共同进行的工作，应填写"综合班组"。

2.【工作班成员（不包括工作负责人）】
填写除工作负责人以外的所有参与现场工作的人员。

3. 工作任务

线路名称、设备双重名称	工作地点	工作内容及人员分工	监护人
10kV 云门 112 线	02 号杆至 03 号杆	绝缘手套作业法带电在 10kV 云门 112 线 02 号杆至 03 号杆之间新立电杆一根。 斗内电工：王五、王二。 吊车驾驶员：李某。 吊车指挥员：王某。 地面电工：王一、刘三	张三

4. 计划工作时间

自 <u>2023</u> 年 <u>03</u> 月 <u>18</u> 日 <u>09</u> 时 <u>00</u> 分至 <u>2023</u> 年 <u>03</u> 月 <u>18</u> 日 <u>16</u> 时 <u>00</u> 分。

5. 安全措施

5.1 调控或运维人员应采取的安全措施：

线路名称、设备双重名称	是否需要停用重合闸	作业点负荷侧需要停电的线路、设备	应装设的安全遮栏（围栏）和悬挂的标示牌
10kV 云门 112 线	是	无	无

5.2 其他危险点预控措施和注意事项：

（1）带电作业应在天气良好条件下进行，作业前需进行风速和湿度测量并记录。风力大于 5 级、湿度大于 80%不得进行带电作业，如遇雷电、雪、雹、雨、雾等不良天气，禁止带电作业。带电作业过程中若遇天气突然变化，有可能危及人身及设备安全时，应立即停止工作，撤离人员，恢复设备正常状况，或采取临时安全措施。

（2）在工作地点四周装设围栏（网），入口处悬挂"从此进入""在此工作"标示牌。作业时，封闭入口，并向外悬挂"止步，高压危险"标示牌。

（3）高空作业人员应穿戴好绝缘防护用具，全程正确使用安全带，10kV 绝缘操作杆有效长度不得小于 0.7m，绝缘绳索有效长度应大于 0.4m，工作前应检查安全工器具、绝缘防护用具合格、齐备，工作中应正确使用。

（4）作业前应使用验电器对线路和设备进行验电，确认无漏电现象。

3.【工作任务】

【线路名称、设备双重名称】统一为 10kV××线。

【工作地点】统一为××号杆。

【工作内容及人员分工】统一为绝缘手套（杆）作业法+作业方式+设备名称+作业项目；杆上（斗内）电工至少需要 2 名；地面电工至少需要 1 名。

【监护人】带电作业应有人监护。监护人不应直接操作，监护的范围不应超过一个作业点。

4.【计划工作时间】

填写计划检修起始时间和结束时间，该时间应在调度批准的检修时间段内。

5.【安全措施】

【线路名称、设备双重名称】统一为 10kV××线。

【是否需要停用重合闸】本项目作业需停用线路重合闸。

【作业点负荷侧需要停电的线路、设备】根据作业项目填写需要停电的线路、设备。对于多台配电变压器、专用变压器的停电措施应全部填写。

【应装设的安全遮栏（围栏）和悬挂的标示牌】根据停电的线路、设备填写是否需要悬挂的标示牌。

（5）作业过程中，不论线路是否带电，都应始终认为线路有电。

（6）作业中，人体应保持对地不小于 0.4m；如不能确保该安全距离时，应采用绝缘遮蔽措施，遮蔽用具之间的重叠部分不得小于 150mm。作业人员严禁同时接触不同电位，防止人体串入电路。

（7）绝缘臂有效长度不小于 1m，斗臂车金属部分对带电体安全距离不小于 0.9m，绝缘斗臂车接地连接要可靠。

（8）作业前，应检查作业点两侧电杆，导线及其他带电设备是固定牢靠，必要时采取加固措施。

（9）支撑和下降导线时，要缓缓进行，以防止导线晃动，避免造成相间短路。支撑导线过程中，应检查两侧电杆上的导线绑扎情况。

（10）吊车应可靠接地，起吊时除指挥人员及指定人员外，其他人员必须在远离 1.2 倍杆高的距离以外，在起吊过程中严禁在吊臂下方通过逗留。吊车操作工应服从指挥人员的指挥。电杆撤除、组立过程中，工作人员应密切注意电杆与已经遮蔽的带电线路保持 10kV 0.35m，20kV 0.6m 以上的安全距离。撤、立杆时，吊车吊臂与已经遮蔽的带电线路保持 10kV 0.35m，20kV 0.6m 以上安全距离。

（11）立杆时，起重工器具、电杆与带电设备应始终保持有效的绝缘遮蔽或隔离措施，并有防止起重工器具、电杆等的绝缘防护及遮蔽器具绝缘损坏或脱落的措施。

（12）起吊作业应指定具有起重资格的专人操作和专人监护，指挥信号应清晰准确。

（13）作业时，扶杆根作业人员应穿绝缘靴，戴绝缘手套，起重设备操作人员应穿绝缘鞋。起重设备操作人员在作业工程中不得离开操作位置。

（14）吊车缓缓起吊电杆，在钢丝绳完全受力时暂停起吊，检查吊车支腿及其他受力部位正常后方可继续工作。立杆时，应使用足够强度的绝缘绳索作拉绳，控制电杆的起立方向。

工作票签发人签名：张一　　2023 年 03 月 17 日 13 时 15 分

工作票会签人签名：王一　　2023 年 03 月 17 日 13 时 20 分

工作负责人签名：张三　　2023 年 03 月 17 日 13 时 30 分

6. 工作许可

许可的线路、设备	许可方式	工作许可人	工作负责人签名	工作许可时间
10kV 云门 112 线 02 号杆至 03 号杆	当面	李一	张三	2023 年 03 月 18 日 10 时 25 分

7. 现场补充的安全措施

无。_____

8. 现场交底，工作班成员确认工作负责人布置的工作任务、人员分工、安全措施和注意事项并签名：

李四、王五、王二、王一、刘三、李某、王某

9. __2023__ 年 __03__ 月 __18__ 日 __10__ 时 __30__ 分工作负责人下令开始工作。

10. 人员变更

10.1　工作负责人变动情况：原工作负责人_____离去，变更_____为工作负责人。

工作票签发人：_____　　　　____年__月__日__时__分

原工作负责人签名确认：_____

新工作负责人签名确认：_____　　____年__月__日__时__分

10.2　工作人员变动情况。

新增人员	姓名						
	变更时间						
	工作负责人签名						
离开人员	姓名						
	变更时间						
	工作负责人签名						

6.【工作许可】
【许可的线路、设备】10kV××线××号杆。
【许可方式】统一为：当面。
【工作许可人】手工签名、不得漏签、代签。
【工作负责人签名】手工签名、不得漏签、代签。
【工作许可时间】统一为××××年××月××日××时××分。

7.【现场补充的安全措施】
工作负责人及工作许可人可根据作业前现场实际情况补充相应的安全措施，如现场无需补充安全措施应填写"无"。

8.【现场交底】
所有工作班成员在明确了工作负责人、专责监护人交代的工作任务、人员分工、安全措施和注意事项后，在工作负责人所持工作票上签名，不得代签。

10.【人员变更】
包括工作负责人变动及工作人员变动，根据实际工作情况据实填写。

11. 工作票延期

有效期延长到＿＿＿年＿＿月＿＿日＿＿时＿＿分。

工作负责人签名：＿＿＿＿　　＿＿＿年＿＿月＿＿日＿＿时＿＿分

工作许可人签名：＿＿＿＿　　＿＿＿年＿＿月＿＿日＿＿时＿＿分

11.【工作票延期】
工作需延期，应在工作计划结束时间前由工作负责人向工作许可人提出申请，办理延期手续。对于需经调度许可的工作，工作许可人还应得到调度许可后，方可与工作负责人办理工作票延期手续。工作票只能延期一次。

12. 工作终结

12.1 工作班人员已全部撤离现场，工具、材料已清理完毕，杆塔、设备上已无遗留物。

12.2 工作终结报告。

终结的线路或设备	报告方式	工作许可人	工作负责人签名	终结报告时间
10kV 云门 112 线 02 号杆至 03 号杆	当面	李一	张三	2023 年 03 月 18 日 10 时 40 分
				年　月 日　时　分
				年　月 日　时　分
				年　月 日　时　分

13. 备注

风速：3 级；湿度：50%。

13.【备注】
风速不能大于 5 级，湿度不能大于 80%；相序和负荷电流情况，根据作业项目实际需要填写；如设置专责监护人，应填写指定的专责监护人监护的人员、地点及工作内容。

4.6　带电更换直线电杆

一、作业场景情况

（一）工作场景

绝缘手套作业法带电更换 10kV 云门 112 线 02 号杆直线。

（二）工作任务

检查作业工器具：整理材料，对安全用具、绝缘工具进行检查，对绝缘工具应使用绝缘测试仪进行分段绝缘检测，绝缘电阻值不低于 700MΩ。查看绝缘臂、绝缘斗良好，调试斗臂车。

安装绝缘隔离：斗内电工将绝缘斗调整至适当位置，视情况对需隔离的设备进行绝缘隔离，系好辅助拉绳。

电杆起吊：工作负责人指挥在电杆合适位置安装钢丝绳套，将吊钩朝向杆梢穿入，指挥将电杆起吊。

电杆起立：工作负责人指挥将电杆起立，接近导线时，地面电工控制辅助拉绳拉开两边相导线，斗内电工控制辅助拉绳拉开中相导线，保证电杆与导线保持适当距离。

电杆就位：①工作负责人指挥吊车操作员收钢丝绳，待电杆稍稍离地，指挥地面人员将杆根纳入杆洞，指挥吊车操作员松钢丝绳，电杆垂直入洞；②地面电工控制辅助拉绳确保电杆两侧边相绝缘隔离措施有效，斗内电工控制辅助拉绳确保电杆两侧中相绝缘隔离措施有效，地面电工正杆，回土夯实，吊钩脱离，拆除钢丝绳套。

固定导线：斗内电工相互配合先中相后边相，逐相将导线提升至绝缘子，绑扎固定后，拆除绝缘隔离措施。

安装钢丝绳：工作负责人指挥在电杆合适位置安装钢丝绳套，将吊钩朝向杆梢穿入。

拆扎线及横担：斗内电工逐相拆除电杆扎线，并拆除横担。

电杆起拔：①工作负责人指挥吊车操作员收钢丝绳将电杆垂直起吊，使电杆稍稍上拔后，检查各部分受力情况，指挥继续将电杆起拔；②地面电工控制辅助拉绳拉开两边相导线；地面电工控制立杆辅助装置，使导线不被横担钩住；斗内电工控制辅助拉绳拉开中相导线，保证电杆与导线保持适当距离，杆根即将出洞时，工作负责人指挥吊车操作员放慢速度，使电杆平缓拔出。

电杆落地：工作负责人指挥吊车操作员放钢丝绳将电杆垂直下落，地面电工控制立杆辅助装置，防止电杆晃动，杆洞回填。

拆除绝缘隔离：工作结束后，撤除绝缘隔离措施，绝缘斗退出有电工作区域，作业人员返回地面。

（三）票种选择

配电带电作业工作票。

（四）人员分工及安排

本次工作有1个作业地点，1台绝缘斗臂车。本张工作票设置监护人1人，绝缘斗臂车作业人员2人，地面辅助人员2人，吊车驾驶员1人，吊车指挥员1人。参与本次工作的共8人（含工作负责人），具体分工为：

张三（工作负责人兼任监护人）：负责工作的整体协调组织，合理安排作业人员分工。负责监护斗内电工王五、王二在10kV云门112线02号杆进行作业。

李四（专责监护人）：负责监护吊车驾驶员李某、吊车指挥员王某工作。

王一、刘三（工作班成员）：负责地面辅助工作。

李某（吊车驾驶员）：负责驾驶吊车。

王某（吊车指挥员）：负责指挥吊车。

（五）场景接线图

绝缘手套作业法带电更换直线电杆场景示意图见图4-6。

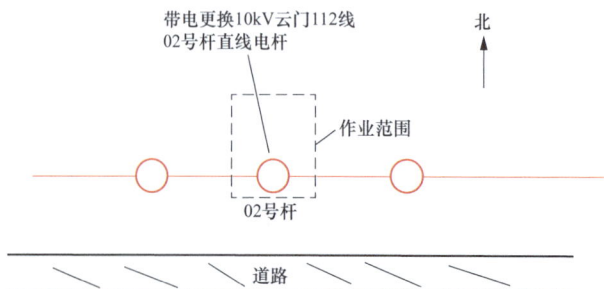

图4-6　绝缘手套作业法带电更换直线电杆场景示意图

二、工作票样例

配电带电作业工作票

单　位：××电力工程分公司　　　　编　号：配 D20221156

1. 工作负责人：张三　　　　　　**班　组：**不停电作业一班

2. 工作班成员（不包括工作负责人）

不停电作业一班：李四、王五、王二、王一、刘三

吊车驾驶员：李某

吊车指挥员：王某

共 _7_ 人

3. 工作任务

线路名称、设备双重名称	工作地点	工作内容及人员分工	监护人
10kV 云门 112 线	02 号杆	绝缘手套作业法带电更换 10kV 云门 112 线 02 号杆直线杆。 斗内电工：王五、王二。 吊车驾驶员：李某。 吊车指挥员：王某。 地面电工：王一、刘三	张三

4. 计划工作时间

自 2023 年 03 月 28 日 09 时 00 分至 2023 年 03 月 28 日 16 时 00 分。

5. 安全措施

5.1　调控或运维人员应采取的安全措施：

线路名称、设备双重名称	是否需要停用重合闸	作业点负荷侧需要停电的线路、设备	应装设的安全遮栏（围栏）和悬挂的标示牌
10kV 云门 112 线	是	无	无

5.2　其他危险点预控措施和注意事项：

（1）带电作业应在良好天气下进行，作业前应进行风速和湿度测量。风力大于 5 级或湿度大于 80%时，不宜带电作业。若遇雷电、雪、雹、雨、雾等不良天气，不应带电作业。带电作业过程中若遇天气突然变化，有可能危及人身及设备安全时，应立即停止工作，撤离人员，恢复设备正常状况，或采取临时安全措施。

（2）在工作地点四周装设围栏（网），入口处悬挂"从此进入""在此工作"标示牌。作业时，封闭入口，并向外悬挂"止步，高压危险"标示牌。

（3）高空作业人员应穿戴好绝缘防护用具，全程正确使用安全带，10kV绝缘操作杆有效长度不得小于 0.7m，绝缘绳索有效长度应大于 0.4m，工作前应检查安全工器具、绝缘防护用具合格、齐备，工作中应正确使用。

（4）作业前应使用验电器对线路和设备进行验电，确认无漏电现象。

（5）作业过程中，不论线路是否带电，都应始终认为线路有电。

（6）作业中，人体应保持对地不小于0.4m；如不能确保该安全距离时，应采用绝缘遮蔽措施，遮蔽用具之间的重叠部分不得小于150mm。作业人员严禁同时接触不同电位，防止人体串入电路。

（7）绝缘臂有效长度不小于1m，斗臂车金属部分对带电体安全距离不小于 0.9m，绝缘斗臂车接地连接要可靠。

（8）作业前，应检查作业点两侧电杆，导线及其他带电设备是固定牢靠，必要时采取加固措施。

（9）支撑和下降导线时，要缓缓进行，以防止导线晃动，避免造成相间短路。支撑导线过程中，应检查两侧电杆上的导线绑扎情况。

（10）吊车应可靠接地，起吊时除指挥人员及指定人员外，其他人员必须在远离 1.2 倍杆高的距离以外，在起吊过程中严禁在吊臂下方通过逗留；吊车操作工应服从指挥人员的指挥。电杆撤除、组立过程中，工作人员应密切注意电杆与已经遮蔽的带电线路保持 10kV 0.35m，20kV 0.6m 以上的安全距离。撤、立杆时，吊车吊臂与已经遮蔽的带电线路保持 10kV 0.35m，20kV 0.6m 以上安全距离。

（11）立、撤杆时，起重工器具，电杆与带电设备应始终保持有效的绝缘遮蔽或隔离措施，并有防止起重工器具，电杆等的绝缘防护及遮蔽器具绝缘损坏或脱落的措施。

（12）起吊作业应指定具有起重资格的专人操作和专人监护，指挥信号应清晰准确。

（13）作业时，扶杆根作业人员应穿绝缘靴，戴绝缘手套，起重设备操作人员应穿绝缘鞋。起重设备操作人员在作业工程中不得离开操作位置。

（14）吊车缓缓起吊电杆，在钢丝绳完全受力时暂停起吊，检查吊车支腿及其他受力部位正常后方可继续工作。立、撤杆时，应使用足够强度的绝缘绳索作拉绳，控制电杆的起立方向。

工作票签发人签名：<u>张一</u>　　<u>2023</u> 年 <u>03</u> 月 <u>17</u> 日 <u>13</u> 时 <u>14</u> 分

工作票会签人签名：<u>王一</u>　　<u>2023</u> 年 <u>03</u> 月 <u>17</u> 日 <u>13</u> 时 <u>20</u> 分

工作负责人签名：<u>张三</u>　　　<u>2023</u> 年 <u>03</u> 月 <u>17</u> 日 <u>13</u> 时 <u>30</u> 分

6. 工作许可

许可的线路、设备	许可方式	工作许可人	工作负责人签名	工作许可时间
10kV 云门 112 线 02 号杆	当面	李一	张三	2023 年 03 月 18 日 10 时 23 分
				年　月　日　时　分
				年　月　日　时　分

6.【工作许可】
【许可的线路、设备】 10kV××线××号杆。
【许可方式】 统一为：当面。
【工作许可人】 手工签名、不得漏签、代签。
【工作负责人签名】 手工签名、不得漏签、代签。
【工作许可时间】 统一为×××年××月××日××时××分。

7. 现场补充的安全措施

无。

7.【现场补充的安全措施】
工作负责人及工作许可人可根据作业前现场实际情况补充相应的安全措施，如现场无需补充安全措施应填写"无"。

8. 现场交底，工作班成员确认工作负责人布置的工作任务、人员分工、安全措施和注意事项并签名：

李四、王五、王二、王一、刘三、李某、王某

8.【现场交底】
所有工作班成员在明确了工作负责人、专责监护人交代的工作任务、人员分工、安全措施和注意事项后，在工作负责人所持工作票上签名，不得代签。

9. <u>2023</u> 年 <u>03</u> 月 <u>18</u> 日 <u>10</u> 时 <u>25</u> 分工作负责人下令开始工作。

10. 人员变更

10.1　工作负责人变动情况：原工作负责人_____离去，变更_____为工作负责人。

10.【人员变更】
包括工作负责人变动及工作人员变动，根据实际工作情况据实填写。

工作票签发人：_____　　　　____年__月__日__时__分

原工作负责人签名确认：_____

新工作负责人签名确认：_____　　　____年__月__日__时__分

10.2　工作人员变动情况。

新增人员	姓名					
	变更时间					
	工作负责人签名					
离开人员	姓名					
	变更时间					
	工作负责人签名					

11. 工作票延期

有效期延长到____年__月__日__时__分。

工作负责人签名：_____　　　____年__月__日__时__分

工作许可人签名：_____　　　____年__月__日__时__分

11.【工作票延期】
工作需延期，应在工作计划结束时间前由工作负责人向工作许可人提出申请，办理延期手续。对于需经调度许可的工作，工作许可人还应得到调度许可后，方可与工作负责人办理工作票延期手续。工作票只能延期一次。

12. 工作终结

12.1　工作班人员已全部撤离现场，工具、材料已清理完毕，杆塔、设备上已无遗留物。

12.2　工作终结报告。

终结的线路或设备	报告方式	工作许可人	工作负责人签名	终结报告时间
10kV 云门 112 线 02 号杆	当面	李一	张三	2023 年 03 月 18 日 10 时 40 分
				年　月 日　时　分
				年　月 日　时　分
				年　月 日　时　分

13. 备注	13.【备注】
风速：3 级；湿度：50%。	风速不能大于 5 级，湿度不能大于 80%；相序和负荷电流情况，根据作业项目实际需要填写；如设置专责监护人，应填写指定的专责监护人监护的人员、地点及工作内容。

4.7 带电直线杆改终端杆

一、作业场景情况

（一）工作场景

绝缘手套作业法带电在 10kV 云门 112 线 02 号杆直线改终端。

（二）工作任务

检查作业工器具：整理材料，对安全用具、绝缘工具进行检查，对绝缘工具应使用绝缘测试仪进行分段绝缘检测，绝缘电阻值不低于 700MΩ。查看绝缘臂、绝缘斗良好，调试斗臂车。

安装绝缘遮蔽措施：按照由近及远，从大到小，从低到高的原则，根据现场实际对作业中可能触及的其他带电体及无法满足安全距离的接地体（导线支承件、金属紧固件、横担、拉线等）应采取绝缘遮蔽措施。

安装耐张横担：斗内电工在合适位置安装耐张横担，挂好耐张绝缘子和绝缘紧线装置，对耐张横担、电杆做绝缘隔离。

转移导线：斗内电工操作小吊机钩住导线并使其略微受力，拆除扎线后补绝缘隔离，移出导线至耐张横担，紧线至耐张绝缘子受力，安装后备保险。

开断耐张：斗内电工在耐张松线侧安装卡线器，地面电工收紧尾绳，斗内电工调整弧垂后，拆除导线中间的绝缘软毯，露出导线拟开断点，用断线剪开断，配合地面电工松线，将导线纳入耐张线夹紧固，拆后备保险和绝缘紧线装置，补绝缘隔离。

工作完成：工作完成后斗内电工按照"从远到近，从上到下、先接地体后带电体"拆除遮蔽原则拆除绝缘遮蔽隔离措施。绝缘斗退出带电作业工作区域，作业人员返回地面。

（三）票种选择

配电带电作业工作票。

（四）人员分工及安排

本次工作有 1 个作业地点，2 台绝缘斗臂车。本张工作票设置专责监护人 1 人，绝缘斗臂车作业人员 4 人，地面辅助人员 2 人。参与本次工作的共 8 人（含工作负责人），具体分工为：

张三（工作负责人兼任监护人）：负责工作的整体协调组织，合理安排作业人员分工。

李四（专责监护人）：负责监护斗内电工王五、王二、李某、王某在 10kV 云门 112 线 02 号杆进行作业。

王一、赵三（地面成员）：负责地面辅助工作。

（五）场景接线图

绝缘手套作业法带电直线杆改终端杆场景示意图见图 4-7。

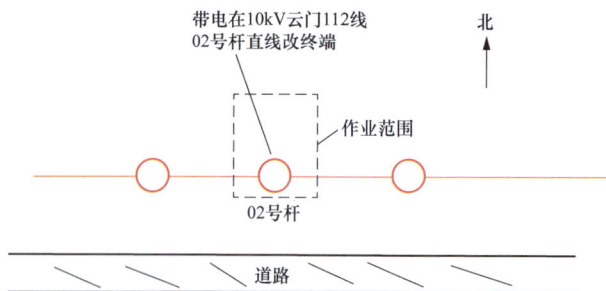

图 4-7　绝缘手套作业法带电直线杆改终端杆场景示意图

二、工作票样例

配电带电作业工作票

单　位：××电力工程分公司　　编　号：配 D20221156

1. 工作负责人：张三　　　　班　组：不停电作业一班

1.【班组】
对于包含工作负责人在内有两个及以上的班组人员共同进行的工作，应填写"综合班组"。

2.【工作班成员（不包括工作负责人）】
填写除工作负责人以外的所有参与现场工作的人员。

2. 工作班成员（不包括工作负责人）

不停电作业一班：李四、王五、王二、王一、李某、王某、赵三

共 7 人

3. 工作任务

3.【工作任务】
【线路名称、设备双重名称】统一为 10kV××线。
【工作地点】统一为××号杆。
【工作内容及人员分工】统一为绝缘手套（杆）作业法+作业方式+设备名称+作业项目；杆上（斗内）电工至少需要 2 名；地面电工至少需要 1 名。
【监护人】带电作业应有人监护。监护人不应直接操作，监护的范围不应超过一个作业点。

线路名称、设备双重名称	工作地点	工作内容及人员分工	监护人
10kV 云门 112 线	02 号杆	绝缘手套作业法带电在 10kV 云门 112 线 02 号杆直线改终端。斗内电工：王五、王二、李某、王某。地面电工：王一、赵三	张三

4. 计划工作时间

自 2023 年 03 月 18 日 09 时 00 分至 2023 年 03 月 18 日 16 时 00 分。

4.【计划工作时间】
填写计划检修起始时间和结束时间，该时间应在调度批准的检修时间段内。

5. 安全措施

5.1　调控或运维人员应采取的安全措施：

5.【安全措施】
【线路名称、设备双重名称】统一为 10kV××线。
【是否需要停用重合闸】本项目作业需停用线路重合闸。

线路名称、设备双重名称	是否需要停用重合闸	作业点负荷侧需要停电的线路、设备	应装设的安全遮栏（围栏）和悬挂的标示牌
10kV 云门 112 线	是	无	无

【作业点负荷侧需要停电的线路、设备】 根据作业项目填写需要停电的线路、设备。对于多台配电变压器、专用变压器的停电措施应全部填写。

【应装设的安全遮栏（围栏）和悬挂的标示牌】 根据停电的线路、设备填写是否需要悬挂的标示牌。

5.2　其他危险点预控措施和注意事项：

（1）带电作业应在良好天气下进行，作业前应进行风速和湿度测量。风力大于 5 级或湿度大于 80% 时，不宜带电作业。若遇雷电、雪、雹、雨、雾等不良天气，不应带电作业。带电作业过程中若遇天气突然变化，有可能危及人身及设备安全时，应立即停止工作，撤离人员，恢复设备正常状况，或采取临时安全措施。

（2）在工作地点四周装设围栏（网），入口处悬挂"从此进入""在此工作"标示牌。作业时，封闭入口，并向外悬挂"止步，高压危险"标示牌。

（3）高空作业人员应穿戴好绝缘防护用具，全程正确使用安全带，10kV 绝缘操作杆有效长度不得小于 0.7m，绝缘绳索有效长度应大于 0.4m，工作前应检查安全工器具、绝缘防护用具合格、齐备，工作中应正确使用。

（4）作业前应使用验电器对线路和设备进行验电，确认无漏电现象。

（5）作业过程中，不论线路是否带电，都应始终认为线路有电。

（6）作业中，人体应保持对地不小于 0.4m；如不能确保该安全距离时，应采用绝缘遮蔽措施，遮蔽用具之间的重叠部分不得小于 150mm。作业人员严禁同时接触不同电位，防止人体串入电路。

（7）绝缘臂有效长度不小于 1m，斗臂车金属部分对带电体安全距离不小于 0.9m，绝缘斗臂车接地连接要可靠。

（8）在开断导线前，应有防导线脱落的后备保护措施。

（9）严禁采用突然剪断导线的方法松线。在进行三相导线开断前，应得到监护人的许可。

（10）终端杆应设置拉线。应依次开断两边相导线，并做好横担受力不均发生歪斜的保护措施。

（11）已断开相的导线，应在采取防感应电措施后方可触及。

工作票签发人签名：　张一　　2023 年 03 月 17 日 13 时 15 分

工作票会签人签名：　王一　　2023 年 03 月 17 日 13 时 20 分

工作负责人签名：　张三　　2023 年 03 月 17 日 13 时 30 分

6. 工作许可

许可的线路、设备	许可方式	工作许可人	工作负责人签名	工作许可时间
10kV 云门 112 线 02 号杆	当面	李一	张三	2023 年 03 月 18 日 10 时 25 分

6.【工作许可】
【许可的线路、设备】10kV××线××号杆。
【许可方式】统一为：当面。
【工作许可人】手工签名、不得漏签、代签。
【工作负责人签名】手工签名、不得漏签、代签。
【工作许可时间】统一为××××年××月××日××时××分。

7. 现场补充的安全措施

无。

7.【现场补充的安全措施】
工作负责人及工作许可人可根据作业前现场实际情况补充相应的安全措施，如现场无需补充安全措施应填写"无"。

8. 现场交底，工作班成员确认工作负责人布置的工作任务、人员分工、安全措施和注意事项并签名：

李四、王五、王二、王一、李某、王某、赵三

8.【现场交底】
所有工作班成员在明确了工作负责人、专责监护人交代的工作任务、人员分工、安全措施和注意事项后，在工作负责人所持工作票上签名，不得代签。

9. <u>2023</u> 年 <u>03</u> 月 <u>18</u> 日 <u>10</u> 时 <u>30</u> 分工作负责人下令开始工作。

10. 人员变更

10.1 工作负责人变动情况：原工作负责人_____离去，变更_____为工作负责人。

工作票签发人：_____　　　_____年__月__日__时__分

原工作负责人签名确认：_____

新工作负责人签名确认：_____　　　_____年__月__日__时__分

10.【人员变更】
包括工作负责人变动及工作人员变动，根据实际工作情况据实填写。

10.2 工作人员变动情况。

新增人员	姓名					
	变更时间					
	工作负责人签名					
离开人员	姓名					
	变更时间					
	工作负责人签名					

11. 工作票延期

有效期延长到____年__月__日__时__分。

工作负责人签名：_____　　____年__月__日__时__分

工作许可人签名：_____　　____年__月__日__时__分

11.【工作票延期】

工作需延期，应在工作计划结束时间前由工作负责人向工作许可人提出申请，办理延期手续。对于需经调度许可的工作，工作许可人还应得到调度许可后，方可与工作负责人办理工作票延期手续。工作票只能延期一次。

12. 工作终结

12.1 工作班人员已全部撤离现场，工具、材料已清理完毕，杆塔、设备上已无遗留物。

12.2 工作终结报告。

终结的线路或设备	报告方式	工作许可人	工作负责人签名	终结报告时间
10kV 云门 112 线 02 号杆	当面	李一	张三	2023 年 03 月 18 日 10 时 40 分
				年 月 日 时 分
				年 月 日 时 分
				年 月 日 时 分

13. 备注

风速：3 级；湿度：50%。

13.【备注】

风速不能大于 5 级，湿度不能大于 80%；相序和负荷电流情况，根据作业项目实际需要填写；如设置专责监护人，应填写指定的专责监护人监护的人员、地点及工作内容。

4.8　带负荷更换熔断器

一、作业场景情况

（一）工作场景

绝缘手套作业法带负荷更换 10kV 云门 112 线 02 号杆熔断器。

（一）工作任务

检查作业工器具：整理材料，对安全用具、绝缘工具进行检查，对绝缘工具应使用绝缘测试仪进行分段绝缘检测，绝缘电阻值不低于 700MΩ。查看绝缘臂、绝缘斗良好，调试斗臂车。

安装绝缘遮蔽措施：按照由近及远，从大到小，从低到高的原则，根据现场实际对作业中可能触及的其他带电体及无法满足安全距离的接地体（导线支承件、金属紧固件、横担、拉线等）应采取绝缘遮蔽措施。

安装旁路作业设备：斗内电工安装引流线绝缘支撑杆，清除导线氧化层，核对相位安装引流线跨接于跌落式熔断器两侧。

更换熔断器：斗内电工断两侧引线连接，更换跌落式熔断器，恢复两侧引线连接。

拆除旁路作业设备：斗内电工拆除绝缘引流线及引流线绝缘支撑杆。

工作完成：斗内电工按照"从远到近、从上到下、先接地体后带电体"拆除遮蔽原则拆除绝缘遮蔽隔离措施。绝缘斗退出带电作业工作区域，作业人员返回地面。

（三）票种选择

配电带电作业工作票。

（四）人员分工及安排

本次工作有 1 个作业地点，1 台绝缘斗臂车。本张工作票设置监护人 1 人，绝缘斗臂车作业人员 2 人，地面辅助人员 1 人。参与本次工作的共 4 人（含工作负责人），具体分工为：

张三（工作负责人兼任监护人）：负责工作的整体协调组织，合理安排作业人员分工。监护斗内电工王五、王二在 10kV 云门 112 线 02 号杆进行作业。

王五、王二（斗内电工）：负责更换 10kV 云门 112 线 02 号杆熔断器。

王一（地面成员）：负责地面辅助工作。

（五）场景接线图

绝缘手套作业法带负荷更换熔断器场景示意图见图 4-8。

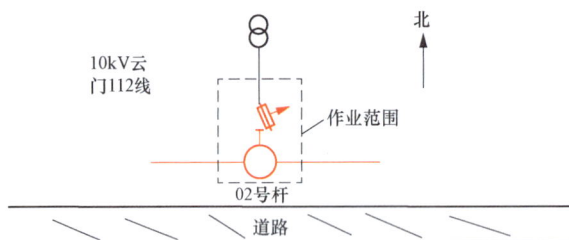

图 4-8　绝缘手套作业法带负荷更换熔断器场景示意图

二、工作票样例

配电带电作业工作票

单　　位：××电力工程分公司　　　编　　号：配 D20221156

1. 工作负责人：张三　　　　班　　组：不停电作业一班

2. 工作班成员（不包括工作负责人）

不停电作业一班：王五、王二、王一

共 _3_ 人

3. 工作任务

线路名称、设备双重名称	工作地点	工作内容及人员分工	监护人
10kV 云门 112 线	02 号杆	绝缘手套作业法带负荷更换 10kV 云门 112 线 02 号杆熔断器。 斗内电工：王五、王二。 地面电工：王一	张三

4. 计划工作时间

自 <u>2023</u> 年 <u>03</u> 月 <u>18</u> 日 <u>09</u> 时 <u>00</u> 分至 <u>2023</u> 年 <u>03</u> 月 <u>18</u> 日 <u>16</u> 时 <u>00</u> 分。

5. 安全措施

5.1 调控或运维人员应采取的安全措施：

线路名称、设备双重名称	是否需要停用重合闸	作业点负荷侧需要停电的线路、设备	应装设的安全遮栏（围栏）和悬挂的标示牌
10kV 云门 112 线	是	无	无

5.2 其他危险点预控措施和注意事项：

（1）带电作业应在良好天气下进行，作业前应进行风速和湿度测量。风力大于 5 级或湿度大于 80%时，不宜带电作业。若遇雷电、雪、雹、雨、雾等不良天气，不应带电作业。带电作业过程中若遇天气突然变化，有可能危及人身及设备安全时，应立即停止工作，撤离人员，恢复设备正常状况，或采取临时安全措施。

（2）在工作地点四周装设围栏（网），入口处悬挂"从此进入""在此工作"标示牌。作业时，封闭入口，并向外悬挂"止步，高压危险"标示牌。

（3）高空作业人员应穿戴好绝缘防护用具，全程正确使用安全带，10kV 绝缘操作杆有效长度不得小于 0.7m，绝缘绳索有效长度应大于 0.4m，工作前应检查安全工器具、绝缘防护用具合格、齐备，工作中应正确使用。

（4）作业前应使用验电器对线路和设备进行验电，确认无漏电现象。

（5）作业过程中，不论线路是否带电，都应始终认为线路有电。

3.【工作任务】

【线路名称、设备双重名称】统一为 10kV××线。

【工作地点】统一为××号杆。

【工作内容及人员分工】统一为绝缘手套（杆）作业法+作业方式+设备名称+作业项目；杆上（斗内）电工至少需要 2 名；地面电工至少需要 1 名。

【监护人】带电作业应有人监护。监护人不应直接操作，监护的范围不应超过一个作业点。

4.【计划工作时间】

填写计划检修起始时间和结束时间，该时间应在调度批准的检修时间段内。

5.【安全措施】

【线路名称、设备双重名称】统一为 10kV××线。

【是否需要停用重合闸】本项目需停用线路重合闸。

【作业点负荷侧需要停电的线路、设备】根据作业项目填写需要停电的线路、设备。对于多台配电变压器、专用变压器的停电措施应全部填写。

【应装设的安全遮栏（围栏）和悬挂的标示牌】根据停电的线路、设备填写是否需要悬挂的标示牌。

（6）作业中，人体应保持对地不小于 0.4m；如不能确保该安全距离时，应采用绝缘遮蔽措施，遮蔽用具之间的重叠部分不得小于 150mm。作业人员严禁同时接触不同电位，防止人体串入电路。

（7）绝缘臂有效长度不小于 1m，斗臂车金属部分对带电体安全距离不小于 0.9m，绝缘斗臂车接地连接要可靠。

（8）作业前需测量线路电流小于旁路系统额定电流。

（9）安装绝缘引流线前应有防止熔断器意外断开的措施。绝缘引流线两端连接后或拆除前，应检测相关设备通流情况正常，绝缘引流线每一相分流的负荷电流不应小于原线路负荷电流的 1/3。

（10）边相下引线进行拆、搭工作时，应注意对中相引线及电杆做好绝缘遮蔽隔离措施。作业中应及时恢复和补充绝缘蔽隔离措施。

（11）绝缘引流线搭接时应注意相序，确保搭接点接触可靠。

工作票签发人签名：<u>张一</u>　<u>2023</u> 年 <u>03</u> 月 <u>17</u> 日 <u>13</u> 时 <u>15</u> 分

工作票会签人签名：<u>王二</u>　<u>2023</u> 年 <u>03</u> 月 <u>17</u> 日 <u>13</u> 时 <u>20</u> 分

工作负责人签名：<u>张三</u>　<u>2023</u> 年 <u>03</u> 月 <u>17</u> 日 <u>13</u> 时 <u>30</u> 分

6. 工作许可

许可的线路、设备	许可方式	工作许可人	工作负责人签名	工作许可时间
10kV 云门 112 线 02 号杆	当面	李一	张三	2023 年 03 月 18 日 10 时 25 分
				年 月 日 时 分

7. 现场补充的安全措施

无。

8. 现场交底，工作班成员确认工作负责人布置的工作任务、人员分工、安全措施和注意事项并签名：

王五、王二、王一

9. <u>2023</u> 年 <u>03</u> 月 <u>18</u> 日 <u>10</u> 时 <u>30</u> 分工作负责人下令开始工作。

【注释侧栏】
6.【工作许可】
【许可的线路、设备】10kV××线××号杆。
【许可方式】统一为：当面。
【工作许可人】手工签名、不得漏签、代签。
【工作负责人签名】手工签名、不得漏签、代签。
【工作许可时间】统一为××××年××月××日××时××分。

7.【现场补充的安全措施】
工作负责人及工作许可人可根据作业前现场实际情况补充相应的安全措施，如现场无需补充安全措施应填写"无"。

8.【现场交底】
所有工作班成员在明确了工作负责人、专责监护人交代的工作任务、人员分工、安全措施和注意事项后，在工作负责人所持工作票上签名，不得代签。

10. 人员变更

10.1　工作负责人变动情况：原工作负责人_____离去，变更_____为工作负责人。

工作票签发人：_____　　　　____年__月__日__时__分

原工作负责人签名确认：_____

新工作负责人签名确认：_____　　____年__月__日__时__分

10.2　工作人员变动情况。

10.【人员变更】
包括工作负责人变动及工作人员变动，根据实际工作情况据实填写。

新增人员	姓名					
	变更时间					
	工作负责人签名					
离开人员	姓名					
	变更时间					
	工作负责人签名					

11. 工作票延期

　　有效期延长到____年__月__日__时__分。

工作负责人签名：_____　　____年__月__日__时__分

工作许可人签名：_____　　____年__月__日__时__分

11.【工作票延期】
工作需延期，应在工作计划结束时间前由工作负责人向工作许可人提出申请，办理延期手续。对于需经调度许可的工作，工作许可人还应得到调度许可后，方可与工作负责人办理工作票延期手续。工作票只能延期一次。

12. 工作终结

12.1　工作班人员已全部撤离现场，工具、材料已清理完毕，杆塔、设备上已无遗留物。

12.2　工作终结报告。

终结的线路或设备	报告方式	工作许可人	工作负责人签名	终结报告时间
10kV 云门 112 线 02 号杆	当面	李一	张三	2023 年 03 月 18 日 10 时 40 分
				年 月 日 时 分

续表

终结的线路或设备	报告方式	工作许可人	工作负责人签名	终结报告时间
				年　月 日　时　分
				年　月 日　时　分

13. 备注

　　风速：3 级；湿度：50%。

4.9　带负荷更换非承力线夹

一、作业场景情况

（一）工作场景

　　绝缘手套作业法带负荷更换 10kV 云门 112 线 02 号杆导线非承力线夹。

（二）工作任务

　　检查作业工器具：整理材料，对安全用具、绝缘工具进行检查，对绝缘工具应使用绝缘测试仪进行分段绝缘检测，绝缘电阻值不低于 700MΩ。查看绝缘臂、绝缘斗良好，调试斗臂车。

　　安装绝缘包裹：按照由近及远，从大到小，从低到高的原则，根据现场实际对作业中可能触及的其他带电体及无法满足安全距离的接地体（导线支承件、金属紧固件、横担、拉线等）应采取绝缘遮蔽措施。

　　安装旁路作业设备：斗内电工在地面电工配合下，在待更换线夹两侧合适位置安装可靠的旁路分流设备，检查分流回路连接良好。

　　更换线夹：斗内电工最小范围打开导线连接处的遮蔽，进行线夹处理。处理完毕对连接处进行绝缘和密封处理。

　　拆除旁路作业设备：斗内电工恢复被拆除的绝缘遮蔽，使用电流检测仪测量引流线通流情况无问题后，拆除旁路分流设备。

　　工作完成：工作完成后斗内电工按照"从远到近，从上到下、先接地体后带电体"拆除遮蔽原则拆除绝缘遮蔽隔离措施。绝缘斗退出带电作业工作区域，作业人员返回地面。

（三）票种选择

　　配电带电作业工作票。

（四）人员分工及安排

　　本次工作有 1 个作业地点，1 台绝缘斗臂车。本张工作票设置监护人 1 人，绝缘斗臂车作业人员 2 人，地面辅助人员 1 人。参与本次工作的共 4 人（含工作负责人），具体分工为：

张三（工作负责人兼任监护人）：负责工作的整体协调组织，合理安排作业人员分工。监护斗内电工王五、王二在 10kV 云门 122 线 02 号杆进行作业。

王五、王二（斗内电工）：负责更换 10kV 云门 122 线 02 号杆非承力线夹。

王一（地面成员）：负责地面辅助工作。

（五）场景接线图

绝缘手套作业法带负荷更换非承力线夹场景示意图见图 4-9。

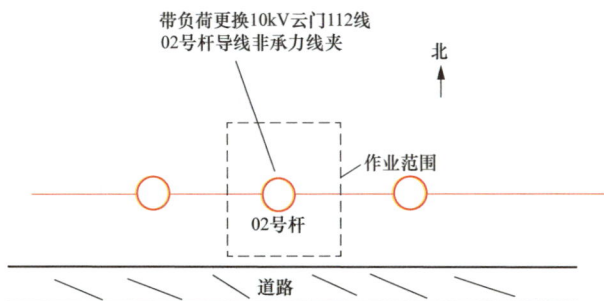

图 4-9　绝缘手套作业法带负荷更换非承力线夹场景示意图

二、工作票样例

<table>
<tr><td colspan="2" align="center">

配电带电作业工作票

</td><td></td></tr>
<tr><td colspan="2">单　位：××电力工程分公司　　编　号：配 D20221156</td><td>

1.【班组】
对于包含工作负责人在内有两个及以上的班组人员共同进行的工作，应填写"综合班组"。

</td></tr>
<tr><td colspan="2">1. 工作负责人：张三　　　　班　组：不停电作业一班</td><td></td></tr>
<tr><td colspan="2">

2. 工作班成员（不包括工作负责人）

不停电作业一班：王五、王二、王一

共　3　人

</td><td>

2.【工作班成员（不包括工作负责人）】
填写除工作负责人以外的所有参与现场工作的人员。

</td></tr>
<tr><td colspan="2">3. 工作任务</td><td>

3.【工作任务】
【线路名称、设备双重名称】统一为 10kV××线。
【工作地点】统一为××号杆。
【工作内容及人员分工】统一为绝缘手套（杆）作业法+作业方式+设备名称+作业项目；杆上（斗内）电工至少需要 2 名；地面电工至少需要 1 名。
【监护人】带电作业应有人监护。监护人不应直接操作，监护的范围不应超过一个作业点。

</td></tr>
</table>

线路名称、设备双重名称	工作地点	工作内容及人员分工	监护人
10kV 云门 122 线	02 号杆	绝缘手套作业法带负荷更换 10kV 云门 112 线 02 号杆导线非承力线夹。 斗内电工：王五、王二。 地面电工：王一	张三

4. 计划工作时间

自 <u>2023</u> 年 <u>03</u> 月 <u>18</u> 日 <u>09</u> 时 <u>00</u> 分至 <u>2023</u> 年 <u>03</u> 月 <u>18</u> 日 <u>16</u> 时 <u>00</u> 分。

5. 安全措施

5.1 调控或运维人员应采取的安全措施：

线路名称、设备双重名称	是否需要停用重合闸	作业点负荷侧需要停电的线路、设备	应装设的安全遮栏（围栏）和悬挂的标示牌
10kV 云门 112 线	是	无	无

5.2 其他危险点预控措施和注意事项：

（1）带电作业应在良好天气下进行，作业前应进行风速和湿度测量。风力大于 5 级或湿度大于 80%时，不宜带电作业。若遇雷电、雪、雹、雨、雾等不良天气，不应带电作业。带电作业过程中若遇天气突然变化，有可能危及人身及设备安全时，应立即停止工作，撤离人员，恢复设备正常状况，或采取临时安全措施。

（2）在工作地点四周装设围栏（网），入口处悬挂"从此进入""在此工作"标示牌。作业时，封闭入口，并向外悬挂"止步，高压危险"标示牌。

（3）高空作业人员应穿戴好绝缘防护用具，全程正确使用安全带，10kV 绝缘操作杆有效长度不得小于 0.7m，绝缘绳索有效长度应大于 0.4m，工作前应检查安全工器具、绝缘防护用具合格、齐备，工作中应正确使用。

（4）作业前应使用验电器对线路和设备进行验电，确认无漏电现象。

（5）作业过程中，不论线路是否带电，都应始终认为线路有电。

（6）作业中，人体应保持对地不小于 0.4m；如不能确保该安全距离时，应采用绝缘遮蔽措施，遮蔽用具之间的重叠部分不得小于 150mm。作业人员严禁同时接触不同电位，防止人体串入电路。

（7）绝缘臂有效长度不小于 1m，斗臂车金属部分对带电体安全距离不小于 0.9m，绝缘斗臂车接地连接要可靠。

（8）作业前需测量线路电流小于旁路系统额定电流。

（9）作业人员应认真检查接头损伤情况，工作负责人决定相应的处理方案、遮蔽措施及防断线安全措施。

（10）禁止对过温的线夹直接进行处理，以防带负荷断接引流线。

（11）更换线夹前应采用可靠的分流措施。

（12）断引流线前应确认绝缘引流线分流的负荷电流不应小于原线路负荷电流的 1/3。

工作票签发人签名：<u>张一</u>　　<u>2023</u> 年 <u>03</u> 月 <u>17</u> 日 <u>13</u> 时 <u>15</u> 分

工作票会签人签名：<u>王一</u>　　<u>2023</u> 年 <u>03</u> 月 <u>17</u> 日 <u>13</u> 时 <u>20</u> 分

工作负责人签名：<u>张三</u>　　<u>2023</u> 年 <u>03</u> 月 <u>17</u> 日 <u>13</u> 时 <u>30</u> 分

6. 工作许可

许可的线路、设备	许可方式	工作许可人	工作负责人签名	工作许可时间
10kV 云门 112 线 02 号杆	当面	李一	张三	2023 年 03 月 18 日 10 时 25 分
				年　月 日　时　分

7. 现场补充的安全措施

无。

8. 现场交底，工作班成员确认工作负责人布置的工作任务、人员分工、安全措施和注意事项并签名：

王五、王二、王一

9. <u>2023</u> 年 <u>03</u> 月 <u>18</u> 日 <u>10</u> 时 <u>30</u> 分工作负责人下令开始工作。

10. 人员变更

10.1　工作负责人变动情况：原工作负责人_____离去，变更_____为工作负责人。

工作票签发人：_____　　　　_____年___月___日___时___分

原工作负责人签名确认：_____

新工作负责人签名确认：_____　　　　_____年___月___日___时___分

10.2　工作人员变动情况。

	姓名					
新增人员	变更时间					
	工作负责人签名					
离开人员	姓名					
	变更时间					
	工作负责人签名					

11. 工作票延期

有效期延长到_____年___月___日___时___分。

工作负责人签名：_____ 　　_____年___月___日___时___分

工作许可人签名：_____ 　　_____年___月___日___时___分

11.【工作票延期】
工作需延期，应在工作计划结束时间前由工作负责人向工作许可人提出申请，办理延期手续。对于需经调度许可的工作，工作许可人还应得到调度许可后，方可与工作负责人办理工作票延期手续。工作票只能延期一次。

12. 工作终结

12.1 工作班人员已全部撤离现场，工具、材料已清理完毕，杆塔、设备上已无遗留物。

12.2 工作终结报告。

终结的线路或设备	报告方式	工作许可人	工作负责人签名	终结报告时间
10kV 云门 112 线 02 号杆	当面	李一	张三	2023 年 03 月 18 日 10 时 40 分
				年 月 日 时 分
				年 月 日 时 分
				年 月 日 时 分

13. 备注

风速：3 级；湿度：50%。

13.【备注】
风速不能大于 5 级，湿度不能大于 80%；相序和负荷电流情况，根据作业项目实际需要填写；如设置专责监护人，应填写指定的专责监护人监护的人员、地点及工作内容。

4.10　带负荷更换柱上开关或隔离开关

4.10.1　利用旁路负荷开关搭建旁路系统

一、作业场景情况

（一）工作场景

绝缘手套作业法带负荷更换 10kV 云门 122 线 02 号杆柱上开关。

（二）工作任务

检查作业工器具：整理材料，对安全用具、绝缘工具进行检查，对绝缘工具应使用绝缘测试仪进行分段绝缘检测，绝缘电阻值不低于 700MΩ。查看绝缘臂、绝缘斗良好，调试斗臂车，连接旁路电缆和旁路负荷开关并做导通试验和绝缘电阻试验。

安装绝缘遮蔽措施：按照由近及远，从大到小，从低到高的原则，根据现场实际对作业中可能触及的其他带电体及无法满足安全距离的接地体（导线支承件、金属紧固件、横担、拉线等）应采取绝缘遮蔽措施。

安装旁路电缆：斗内电工在 10kV 云门 122 线 02 号杆两侧按照、远、中、近的顺序，依次挂接旁路电缆并搭接。

合上旁路负荷开关：地面电工合上负荷开关并测流。

拉开柱上开关：斗内电工拉开柱上开关并测流确认柱上开关已分闸。

更换开关：斗内电工将柱上开关两侧引线拆除，利用绝缘斗臂车小吊更换柱上开关，并调试正常。

合上柱上开关：斗内电工合上柱上开关并测流确认柱上开关已合闸。

拉开旁路负荷开关：地面电工拉开负荷开关并测流确认旁路负荷开关已分闸。

拆除旁路作业设备：斗内电工拆除旁路高压引下电缆、余缆工具和旁路负荷开关。

工作完成：工作完成后斗内电工按照"从远到近，从上到下、先接地体后带电体"拆除遮蔽原则拆除绝缘遮蔽隔离措施。绝缘斗退出带电作业工作区域，作业人员返回地面。

（三）票种选择

配电带电作业工作票。

（四）人员分工及安排

本次工作有 1 个作业地点，2 台绝缘斗臂车。本张工作票设置专责监护人 1 人，绝缘斗臂车作业人员 4 人，地面辅助人员 2 人。参与本次工作的共 8 人（含工作负责人），具体分工为：

张三（工作负责人兼任监护人）：负责工作的整体协调组织，合理安排作业人员分工。

李四（专责监护人）：负责监护斗内电工王五、王二、李某、王某在 10kV 云门 122 线 02 号杆进行作业。

王一、赵三（地面成员）：负责地面辅助工作。

（五）场景接线图

绝缘手套作业法带负荷更换柱上开关（利用旁路负荷开关搭建旁路系统）场景接线图见图 4-10。

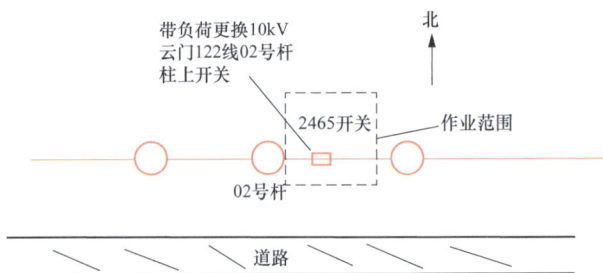

图 4-10　绝缘手套作业法带负荷更换柱上开关（利用旁路负荷开关搭建旁路系统）场景接线图

二、工作票样例

配电带电作业工作票

单　位：××电力工程分公司　　编　号：配 D20221156

1. 工作负责人：张三　　　　班　组：不停电作业一班

2. 工作班成员（不包括工作负责人）

不停电作业一班：李四、王五、王二、王一、李某、王某、赵三

共 7 人

3. 工作任务

线路名称、设备双重名称	工作地点	工作内容及人员分工	监护人
10kV 云门 122 线	02 号杆	绝缘手套作业法带负荷更换 10kV 云门 122 线 02 号杆柱上开关。 斗内电工：王五、王二、李某、王某。 地面电工：王一、赵三	张三

4. 计划工作时间

自 2023 年 03 月 18 日 09 时 00 分至 2023 年 03 月 18 日 16 时 00 分。

5. 安全措施

5.1　调控或运维人员应采取的安全措施：

【右侧批注】

1.【班组】
对于包含工作负责人在内有两个及以上的班组人员共同进行的工作，应填写"综合班组"。

2.【工作班成员（不包括工作负责人）】
填写除工作负责人以外的所有参与现场工作的人员。

3.【工作任务】
【线路名称、设备双重名称】统一为 10kV××线。
【工作地点】统一为××号杆。
【工作内容及人员分工】统一为绝缘手套（杆）作业法+作业方式+设备名称+作业项目；杆上（斗内）电工至少需要 2 名；地面电工至少需要 1 名。
【监护人】带电作业应有人监护，监护人不应直接操作，监护的范围不应超过一个作业点。

4.【计划工作时间】
填写计划检修起始时间和结束时间，该时间应在调度批准的检修时间段内。

5.【安全措施】
【线路名称、设备双重名称】统一为 10kV××线。
【是否需要停用重合闸】本项目需停用线路重合闸。
【作业点负荷侧需要停电的线路、设备】根据作业

线路名称、设备双重名称	是否需要停用重合闸	作业点负荷侧需要停电的线路、设备	应装设的安全遮栏（围栏）和悬挂的标示牌
10kV 云门 122 线	是	无	无

项目填写需要停电的线路、设备。对于多台配电变压器、专用变压器的停电措施应全部填写。
【应装设的安全遮栏（围栏）和悬挂的标示牌】 根据停电的线路、设备填写是否需要悬挂的标示牌。

5.2　其他危险点预控措施和注意事项：

（1）带电作业应在良好天气下进行，作业前应进行风速和湿度测量。风力大于 5 级或湿度大于 80%时，不宜带电作业。若遇雷电、雪、雹、雨、雾等不良天气，不应带电作业。带电作业过程中若遇天气突然变化，有可能危及人身及设备安全时，应立即停止工作，撤离人员，恢复设备正常状况，或采取临时安全措施。

（2）在工作地点四周装设围栏（网），入口处悬挂"从此进入""在此工作"标示牌。作业时，封闭入口，并向外悬挂"止步，高压危险"标示牌。

（3）高空作业人员应穿戴好绝缘防护用具，全程正确使用安全带，10kV 绝缘操作杆有效长度不得小于 0.7m，绝缘绳索有效长度应大于 0.4m，工作前应检查安全工器具、绝缘防护用具合格、齐备，工作中应正确使用。

（4）作业前应使用验电器对线路和设备进行验电，确认无漏电现象。

（5）作业过程中，不论线路是否带电，都应始终认为线路有电。

（6）作业中，人体应保持对地不小于 0.4m；如不能确保该安全距离时，应采用绝缘遮蔽措施，遮蔽用具之间的重叠部分不得小于 150mm。作业人员严禁同时接触不同电位，防止人体串入电路。

（7）绝缘臂有效长度不小于 1m，斗臂车金属部分对带电体安全距离不小于 0.9m，绝缘斗臂车接地连接要可靠。

（8）作业前需测量线路电流小于旁路系统额定电流。旁路系统投入、退出运行时均应对旁路电缆、开关引线进行测流，确认分流正常。

（9）在开断导（引）线前，应有防导线脱落的后备保护措施。

（10）敷设旁路电缆时，须由多名作业人员配合使旁路电缆离开地面整体敷设，防止旁路电缆与地面摩擦，且不得受力。

（11）连接旁路作业设备前，应对各接口进行清洁和润滑，确认绝缘表面无污物、灰尘、水分、损伤。在插拔界面均匀涂润滑硅脂。

（12）敷设并连接好旁路设备后，应对整套旁路设备进行绝缘电阻检测，其绝缘电阻不应小于 500MΩ，旁路设备外壳应可靠接地。

（13）绝缘电阻检测完毕、拆除旁路设备前、拆除电缆终端后，均应逐相充分放电，用绝缘放电杆放电时，绝缘放电杆的接地应良好。

（14）旁路系统运行期间，应派专人看守、巡视，防止行人、车辆碰触。

（15）使用斗臂车小吊起吊开关要注意吊臂角度，防止超载倾翻。

（16）如新装柱上开关带有取能用电压互感器时，电源侧应串接带有明显断开点的设备，防止带负荷接引，并应闭锁其自动跳闸的回路，开关操作后应闭锁其操作机构，防止误操作。

工作票签发人签名：<u>张一</u>　　<u>2023</u>年<u>03</u>月<u>17</u>日<u>13</u>时<u>15</u>分

工作票会签人签名：<u>王一</u>　　<u>2023</u>年<u>03</u>月<u>17</u>日<u>13</u>时<u>20</u>分

工作负责人签名：<u>张三</u>　　<u>2023</u>年<u>03</u>月<u>17</u>日<u>13</u>时<u>30</u>分

6. 工作许可

许可的线路、设备	许可方式	工作许可人	工作负责人签名	工作许可时间
10kV 云门 122 线 02 号杆	当面	李一	张三	2023 年 03 月 18 日 10 时 25 分
				年　月　日　时　分

6.【工作许可】
【许可的线路、设备】10kV××线××号杆。
【许可方式】统一为：当面。
【工作许可人】手工签名、不得漏签、代签。
【工作负责人签名】手工签名、不得漏签、代签。
【工作许可时间】统一为××××年××月××日××时××分。

7. 现场补充的安全措施

<u>无。</u>

7.【现场补充的安全措施】
工作负责人及工作许可人可根据作业前现场实际情况补充相应的安全措施，如现场无需补充安全措施应填写"无"。

8. 现场交底，工作班成员确认工作负责人布置的工作任务、人员分工、安全措施和注意事项并签名：

<u>李四、王五、王二、王一、李某、王某、赵三</u>

8.【现场交底】
所有工作班成员在明确了工作负责人、专责监护人交代的工作任务、人员分工、安全措施和注意事项后，在工作负责人所持工作票上签名，不得代签。

9. <u>2023</u>年<u>03</u>月<u>18</u>日<u>10</u>时<u>30</u>分工作负责人下令开始工作。

10. 人员变更

10.1　工作负责人变动情况：原工作负责人_____离去，变更_____为工作负责人。

工作票签发人：_____　　　　_____年___月___日___时___分

10.【人员变更】
包括工作负责人变动及工作人员变动，根据实际工作情况据实填写。

原工作负责人签名确认：_____

新工作负责人签名确认：_____　　_____年__月__日__时__分

10.2　工作人员变动情况。

新增人员	姓名						
	变更时间						
	工作负责人签名						
离开人员	姓名						
	变更时间						
	工作负责人签名						

11. 工作票延期

有效期延长到____年__月__日__时__分。

工作负责人签名：_____　　_____年__月__日__时__分

工作许可人签名：_____　　_____年__月__日__时__分

12. 工作终结

12.1　工作班人员已全部撤离现场，工具、材料已清理完毕，杆塔、设备上已无遗留物。

12.2　工作终结报告。

终结的线路或设备	报告方式	工作许可人	工作负责人签名	终结报告时间
10kV 云门 122 线 02 号杆	当面	李一	张三	2023 年 03 月 18 日 10 时 40 分
				年　月 日　时　分
				年　月 日　时　分
				年　月 日　时　分

13. 备注

风速：3 级；湿度：50%。

4.10.2　利用绝缘引流线搭建旁路系统

一、作业场景情况

（一）工作场景

绝缘手套作业法带负荷更换 10kV 云门 122 线 02 号杆柱上开关。

（二）工作任务

检查作业工器具：整理材料，对安全用具、绝缘工具进行检查，对绝缘工具应使用绝缘测试仪进行分段绝缘检测，绝缘电阻值不低于 700MΩ。查看绝缘臂、绝缘斗良好，调试斗臂车。

安装绝缘遮蔽措施：按照由近及远，从大到小，从低到高的原则，根据现场实际对作业中可能触及的其他带电体及无法满足安全距离的接地体（导线支承件、金属紧固件、横担、拉线等）应采取绝缘遮蔽措施。

安装绝缘引流线：斗内电工在 10kV 云门 122 线 02 号杆两侧按照远、中、近的顺序，依次同相跨接导线。

测流：斗内电工测量绝缘引流线通流正常。

拉开柱上开关：斗内电工拉开柱上开关并测流确认柱上开关已分闸。

更换开关：斗内电工将柱上开关两侧引线拆除，利用绝缘斗臂车小吊更换柱上开关，并调试正常。

合上柱上开关：斗内电工合上柱上开关并测流确认柱上开关已合闸。

拆除旁路系统：斗内电工近、中、远的顺序依此拆除绝缘引流线。

工作完成：工作完成后斗内电工按照"从远到近，从上到下、先接地体后带电体"拆除遮蔽原则拆除绝缘遮蔽隔离措施。绝缘斗退出带电作业工作区域，作业人员返回地面。

（三）票种选择

配电带电作业工作票。

（四）人员分工及安排

本次工作有 1 个作业地点，2 台绝缘斗臂车。本张工作票设置专责监护人 1 人，绝缘斗臂车作业人员 4 人，地面辅助人员 2 人。参与本次工作的共 8 人（含工作负责人），具体分工为：

张三（工作负责人兼任监护人）：负责工作的整体协调组织，合理安排作业人员分工。

李四（专责监护人）：负责监护斗内电工王五、王二、李某、王某在 10kV 云门 122 线 02 号杆进行作业。

王一、赵三（地面成员）：负责地面辅助工作。

（五）场景接线图

绝缘手套作业法带负荷更换柱上开关（利用绝缘引流线搭建旁路系统）场景示意图见图 4-11。

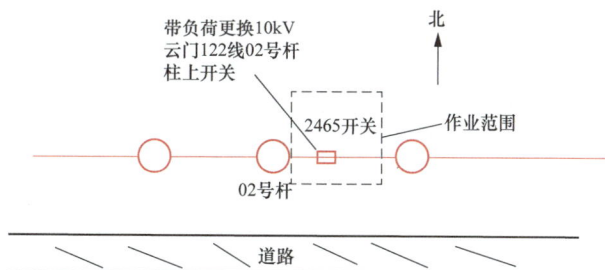

图 4-11　绝缘手套作业法带负荷更换柱上开关（利用绝缘引流线搭建旁路系统）场景示意图

二、工作票样例

配电带电作业工作票

单　位：××电力工程分公司　　编　号：配 D20221156

1. 工作负责人：张三　　　　班　组：不停电作业一班

2. 工作班成员（不包括工作负责人）

不停电作业一班：李四、王五、王二、王一、李某、王某、赵三

共 7 人

3. 工作任务

线路名称、设备双重名称	工作地点	工作内容及人员分工	监护人
10kV 云门 122 线	02 号杆	绝缘手套作业法带负荷更换 10kV 云门 122 线 02 号杆柱上开关。 斗内电工：王五、王二、李某、王某。 地面电工：王一、赵三	张三

4. 计划工作时间

自 2023 年 03 月 18 日 09 时 00 分至 2023 年 03 月 18 日 16 时 00 分。

5. 安全措施

5.1　调控或运维人员应采取的安全措施：

1.【班组】
对于包含工作负责人在内有两个及以上的班组人员共同进行的工作，应填写"综合班组"。

2.【工作班成员（不包括工作负责人）】
填写除工作负责人以外的所有参与现场工作的人员。

3.【工作任务】
【线路名称、设备双重名称】统一为 10kV××线。
【工作地点】统一为××号杆。
【工作内容及人员分工】统一为绝缘手套（杆）作业法+作业方式+设备名称+作业项目；杆上（斗内）电工至少需要 2 名；地面电工至少需要 1 名。
【监护人】带电作业应有人监护。监护人不应直接操作，监护的范围不应超过一个作业点。

4.【计划工作时间】
填写计划检修起始时间和结束时间，该时间应在调度批准的检修时间段内。

5.【安全措施】
【线路名称、设备双重名称】统一为 10kV××线。
【是否需要停用重合闸】本项目需停用线路重合闸。
【作业点负荷侧需要停电的线路、设备】根据作业

线路名称、设备双重名称	是否需要停用重合闸	作业点负荷侧需要停电的线路、设备	应装设的安全遮栏（围栏）和悬挂的标示牌
10kV 云门 122 线	是	无	无

5.2　其他危险点预控措施和注意事项：

（1）带电作业应在良好天气下进行，作业前应进行风速和湿度测量。风力大于 5 级或湿度大于 80%时，不宜带电作业。若遇雷电、雪、雹、雨、雾等不良天气，不应带电作业。带电作业过程中若遇天气突然变化，有可能危及人身及设备安全时，应立即停止工作，撤离人员，恢复设备正常状况，或采取临时安全措施。

（2）在工作地点四周装设围栏（网），入口处悬挂"从此进入""在此工作"标示牌。作业时，封闭入口，并向外悬挂"止步，高压危险"标示牌。

（3）高空作业人员应穿戴好绝缘防护用具，全程正确使用安全带，10kV 绝缘操作杆有效长度不得小于 0.7m，绝缘绳索有效长度应大于 0.4m，工作前应检查安全工器具、绝缘防护用具合格、齐备，工作中应正确使用。

（4）作业前应使用验电器对线路和设备进行验电，确认无漏电现象。

（5）作业过程中，不论线路是否带电，都应始终认为线路有电。

（6）作业中，人体应保持对地不小于 0.4m；如不能确保该安全距离时，应采用绝缘遮蔽措施，遮蔽用具之间的重叠部分不得小于 150mm。作业人员严禁同时接触不同电位，防止人体串入电路。

（7）绝缘臂有效长度不小于 1m，斗臂车金属部分对带电体安全距离不小于 0.9m，绝缘斗臂车接地连接要可靠。

（8）作业前需测量线路电流小于旁路系统额定电流。在进行三相导线开断前，应检查绝缘引流线连接可靠，测量分流正常，并应得到工作监护人的许可。

（9）在导线收紧后开断导线前，应加设防导线脱落的后备保护安全措施。

（10）三相导线的连接工作未完成前，绝缘引流线不得拆除。

（11）组装、拆除绝缘引流线以及紧线、开断导线应同相同步进行。

（12）使用斗臂车小吊起吊开关要注意吊臂角度，防止超载倾翻。

（13）如新装柱上开关带有取能用电压互感器时，电源侧应串接带有明显断开点的设备，防止带负荷接引，并应闭锁其自动跳闸的回路，开关操

项目填写需要停电的线路、设备。对于多台配电变压器、专用变压器的停电措施应全部填写。
【应装设的安全遮栏（围栏）和悬挂的标示牌】根据停电的线路、设备填写是否需要悬挂的标示牌。

作后应闭锁其操作机构，防止误操作。

工作票签发人签名：<u>张一</u>　　<u>2023</u> 年 <u>03</u> 月 <u>17</u> 日 <u>13</u> 时 <u>15</u> 分

工作票会签人签名：<u>王一</u>　　<u>2023</u> 年 <u>03</u> 月 <u>17</u> 日 <u>13</u> 时 <u>20</u> 分

工作负责人签名：<u>张三</u>　　<u>2023</u> 年 <u>03</u> 月 <u>17</u> 日 <u>13</u> 时 <u>30</u> 分

6. 工作许可

许可的线路、设备	许可方式	工作许可人	工作负责人签名	工作许可时间
10kV 云门 122 线 02 号杆	当面	李一	张三	2023 年 03 月 18 日 10 时 25 分
				年　月　日　时　分

6.【工作许可】

【许可的线路、设备】10kV××线××号杆。

【许可方式】统一为：当面。

【工作许可人】手工签名、不得漏签、代签。

【工作负责人签名】手工签名、不得漏签、代签。

【工作许可时间】统一为××××年××月××日××时××分。

7. 现场补充的安全措施

无。

7.【现场补充的安全措施】

工作负责人及工作许可人可根据作业前现场实际情况补充相应的安全措施，如现场无需补充安全措施应填写"无"。

8. 现场交底，工作班成员确认工作负责人布置的工作任务、人员分工、安全措施和注意事项并签名：

<u>李四、王五、王二、王一、李某、王某、赵三</u>

8.【现场交底】

所有工作班成员在明确了工作负责人、专责监护人交代的工作任务、人员分工、安全措施和注意事项后，在工作负责人所持工作票上签名，不得代签。

9. <u>2023</u> 年 <u>03</u> 月 <u>18</u> 日 <u>10</u> 时 <u>30</u> 分工作负责人下令开始工作。

10. 人员变更

10.1　工作负责人变动情况：原工作负责人_____离去，变更_____为工作负责人。

工作票签发人：_____　　　_____年__月__日__时__分

原工作负责人签名确认：_____

新工作负责人签名确认：_____　　_____年__月__日__时__分

10.2　工作人员变动情况。

10.【人员变更】

包括工作负责人变动及工作人员变动，根据实际工作情况据实填写。

新增人员	姓名					
	变更时间					
	工作负责人签名					
离开人员	姓名					
	变更时间					
	工作负责人签名					

11. 工作票延期

有效期延长到_____年___月___日___时___分。

工作负责人签名：_____　　　_____年___月___日___时___分

工作许可人签名：_____　　　_____年___月___日___时___分

11.【工作票延期】

工作需延期，应在工作计划结束时间前由工作负责人向工作许可人提出申请，办理延期手续。对于需经调度许可的工作，工作许可人还应得到调度许可后，方可与工作负责人办理工作票延期手续。工作票只能延期一次。

12. 工作终结

12.1 工作班人员已全部撤离现场，工具、材料已清理完毕，杆塔、设备上已无遗留物。

12.2 工作终结报告。

终结的线路或设备	报告方式	工作许可人	工作负责人签名	终结报告时间
10kV 云门 122 线 02 号杆	当面	李一	张三	2023 年 03 月 18 日 10 时 40 分
				年　月 日　时　分
				年　月 日　时　分
				年　月 日　时　分

13. 备注

　风速：3 级；湿度：50%。

13.【备注】

风速不能大于 5 级，湿度不能大于 80%；相序和负荷电流情况，根据作业项目实际需要填写；如设置专责监护人，应填写指定的专责监护人监护的人员、地点及工作内容。

4.11　带负荷直线杆改耐张杆

4.11.1　利用旁路负荷开关搭建旁路系统

一、作业场景情况

（一）工作场景

绝缘手套作业法带负荷在 10kV 云门 112 线 02 号杆直线改耐张。

（二）工作任务

检查作业工器具：整理材料，对安全用具、绝缘工具进行检查，对绝缘工具应使用绝缘测试仪进行分段绝缘检测，绝缘电阻值不低于 700MΩ。查看绝缘臂、绝缘斗良好，调试斗臂车，连接旁路电缆和旁路负荷开关并做导通试验和绝缘电阻试验。

安装绝缘遮蔽措施：按照由近及远，从大到小，从低到高的原则，根据现场实际对作业中可能触及的其他带电体及无法满足安全距离的接地体（导线支承件、金属紧固件、横担、拉线等）应采取绝缘遮蔽措施。

安装旁路电缆：斗内电工在 10kV 云门 122 线 02 号杆两侧按照、远、中、近的顺序，依次挂接旁路电缆并搭接。

合上旁路负荷开关并测流：地面电工合上负荷开关并测流。

安装绝缘横担：斗内电工与地面电工配合，在原有导线下方适当位置安装绝缘横担。

转移导线：逐相转移导线至绝缘横担。

更换横担：拆除原横担绝缘遮蔽并更换为耐张横担与耐张线夹并恢复绝缘包裹。

转移导线：逐相转移导线至耐张横担。

三相改耐张：斗内电工对近边相紧线，近边相开耐张，斗内电工按照近、远、中的顺序，依次改耐张。

拆除旁路系统：地面电工断开旁路负荷开关，斗内电工拆除旁路电缆。

工作完成：工作完成后斗内电工按照"从远到近，从上到下、先接地体后带电体"拆除遮蔽原则拆除绝缘遮蔽隔离措施。绝缘斗退出带电作业工作区域，作业人员返回地面。

（三）票种选择

配电带电作业工作票。

（四）人员分工及安排

本次工作有 1 个作业地点，2 台绝缘斗臂车。本张工作票设置专责监护人 1 人，绝缘斗臂车作业人员 4 人，地面辅助人员 2 人。参与本次工作的共 8 人（含工作负责人），具体分工为：

张三（工作负责人兼任监护人）：负责工作的整体协调组织，合理安排作业人员分工。

李四（专责监护人）：负责监护斗内电工王五、王二、李某、王某在 10kV 云门 122 线 02 号杆进行作业。

王一、赵三（地面成员）：负责地面辅助工作。

（五）场景接线图

绝缘手套作业法带负荷直线杆改耐张杆（利用旁路负荷开关搭建旁路系统）场景示意图见图 4-12。

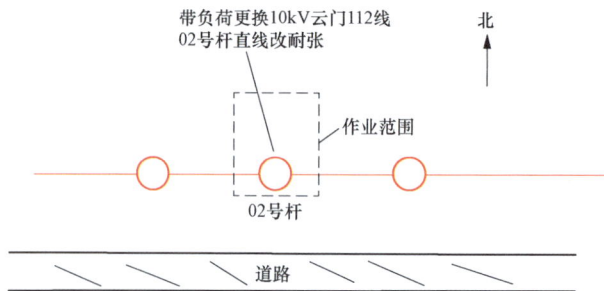

图 4-12　绝缘手套作业法带负荷直线杆改耐张杆（利用旁路负荷开关搭建旁路系统）场景示意图

二、工作票样例

配电带电作业工作票

单　位：××电力工程分公司　　编　号：配 D20221156

1. **工作负责人**：张三	班　组：不停电作业一班

2. 工作班成员（不包括工作负责人）

不停电作业一班：李四、王五、王二、王一、李某、王某、赵三

共 <u>7</u> 人

3. 工作任务

线路名称、设备双重名称	工作地点	工作内容及人员分工	监护人
10kV 云门 112 线	02 号杆	绝缘手套作业法带负荷在 10kV 云门 112 线 02 号杆直线改耐张。 斗内电工：王五、王二、李某、王某。 地面电工：王一、赵三	张三

4. 计划工作时间

自 <u>2023</u> 年 <u>03</u> 月 <u>18</u> 日 <u>09</u> 时 <u>00</u> 分至 <u>2023</u> 年 <u>03</u> 月 <u>18</u> 日 <u>16</u> 时 <u>00</u> 分。

5. 安全措施

5.1　调控或运维人员应采取的安全措施：

续表

线路名称、设备双重名称	是否需要停用重合闸	作业点负荷侧需要停电的线路、设备	应装设的安全遮栏（围栏）和悬挂的标示牌
10kV 云门 112 线	是	无	无

【应装设的安全遮栏（围栏）和悬挂的标示牌】根据停电的线路、设备填写是否需要悬挂的标示牌。

5.2　其他危险点预控措施和注意事项：

（1）带电作业应在良好天气下进行，作业前应进行风速和湿度测量。风力大于 5 级或湿度大于 80%时，不宜带电作业。若遇雷电、雪、雹、雨、雾等不良天气，不应带电作业。带电作业过程中若遇天气突然变化，有可能危及人身及设备安全时，应立即停止工作，撤离人员，恢复设备正常状况，或采取临时安全措施。

（2）在工作地点四周装设围栏（网），入口处悬挂"从此进入""在此工作"标示牌。作业时，封闭入口，并向外悬挂"止步，高压危险"标示牌。

（3）高空作业人员应穿戴好绝缘防护用具，全程正确使用安全带，10kV 绝缘操作杆有效长度不得小于 0.7m，绝缘绳索有效长度应大于 0.4m，工作前应检查安全工器具、绝缘防护用具合格、齐备，工作中应正确使用。

（4）作业前应使用验电器对线路和设备进行验电，确认无漏电现象。

（5）作业过程中，不论线路是否带电，都应始终认为线路有电。

（6）作业中，人体应保持对地不小于 0.4m；如不能确保该安全距离时，应采用绝缘遮蔽措施，遮蔽用具之间的重叠部分不得小于 150mm。作业人员严禁同时接触不同电位，防止人体串入电路。

（7）绝缘臂有效长度不小于 1m，斗臂车金属部分对带电体安全距离不小于 0.9m，绝缘斗臂车接地连接要可靠。

（8）作业前需测量线路电流小于旁路系统额定电流。旁路系统投入、退出运行时均应对旁路电缆、开关引线进行测流，确认分流正常。

（9）在导线收紧后开断导线前，应加设防导线脱落的后备保护安全措施。

（10）敷设旁路电缆时，须由多名作业人员配合使旁路电缆离开地面整体敷设，防止旁路电缆与地面摩擦，且不得受力。

（11）连接旁路作业设备前，应对各接口进行清洁和润滑，确认绝缘表面无污物、灰尘、水分、损伤。在插拔界面均匀涂润滑硅脂。

（12）敷设并连接好旁路设备后，应对整套旁路设备进行绝缘电阻检测，其绝缘电阻不应小于 500MΩ，旁路设备外壳应可靠接地。

　　（13）绝缘电阻检测完毕、拆除旁路设备前、拆除电缆终端后，均应逐相充分放电，用绝缘放电杆放电时，绝缘放电杆的接地应良好。

　　（14）旁路系统运行期间，应派专人看守、巡视，防止行人、车辆碰触。

工作票签发人签名：<u>张一</u>　　<u>2023</u> 年 <u>03</u> 月 <u>17</u> 日 <u>13</u> 时 <u>15</u> 分

工作票会签人签名：<u>王一</u>　　<u>2023</u> 年 <u>03</u> 月 <u>17</u> 日 <u>13</u> 时 <u>20</u> 分

工作负责人签名：<u>张三</u>　　<u>2023</u> 年 <u>03</u> 月 <u>17</u> 日 <u>13</u> 时 <u>30</u> 分

6. 工作许可

许可的线路、设备	许可方式	工作许可人	工作负责人签名	工作许可时间
10kV 云门 112 线 02 号杆	当面	李一	张三	2023 年 03 月 18 日 10 时 25 分
				年 月 日 时 分

6.【工作许可】
【许可的线路、设备】10kV××线××号杆。
【许可方式】统一为：当面。
【工作许可人】手工签名、不得漏签、代签。
【工作负责人签名】手工签名、不得漏签、代签。
【工作许可时间】统一为××××年××月××日××时××分。

7. 现场补充的安全措施

　　无。

7.【现场补充的安全措施】
工作负责人及工作许可人可根据作业前现场实际情况补充相应的安全措施，如现场无需补充安全措施应填写"无"。

8. 现场交底，工作班成员确认工作负责人布置的工作任务、人员分工、安全措施和注意事项并签名：

　　李四、王五、王二、王一、李某、王某、赵三

8.【现场交底】
所有工作班成员在明确了工作负责人、专责监护人交代的工作任务、人员分工、安全措施和注意事项后，在工作负责人所持工作票上签名，不得代签。

9. <u>2023</u> 年 <u>03</u> 月 <u>18</u> 日 <u>10</u> 时 <u>30</u> 分工作负责人下令开始工作。

10. 人员变更

10.1　工作负责人变动情况：原工作负责人_____离去，变更_____为工作负责人。

工作票签发人：_____　　　　_____年__月__日__时__分

原工作负责人签名确认：_____

新工作负责人签名确认：_____　　_____年__月__日__时__分

10.2　工作人员变动情况。

10.【人员变更】
包括工作负责人变动及工作人员变动，根据实际工作情况据实填写。

新增人员	姓名						
	变更时间						
	工作负责人签名						
离开人员	姓名						
	变更时间						
	工作负责人签名						

11. 工作票延期

有效期延长到____年___月___日___时___分。

工作负责人签名：_____　　_____年___月___日___时___分

工作许可人签名：_____　　_____年___月___日___时___分

11.【工作票延期】

工作需延期，应在工作计划结束时间前由工作负责人向工作许可人提出申请，办理延期手续。对于需经调度许可的工作，工作许可人还应得到调度许可后，方可与工作负责人办理工作票延期手续。工作票只能延期一次。

12. 工作终结

12.1 工作班人员已全部撤离现场，工具、材料已清理完毕，杆塔、设备上已无遗留物。

12.2 工作终结报告。

终结的线路或设备	报告方式	工作许可人	工作负责人签名	终结报告时间
10kV 云门 112 线 02 号杆	当面	李一	张三	2023 年 03 月 18 日 10 时 40 分
				年　月　日　时　分
				年　月　日　时　分
				年　月　日　时　分

13. 备注

风速：3 级；湿度：50%。_____

13.【备注】

风速不能大于 5 级，湿度不能大于 80%；相序和负荷电流情况，根据作业项目实际需要填写；如设置专责监护人，应填写指定的专责监护人监护的人员、地点及工作内容。

4.11.2　利用绝缘引流线搭建旁路系统

一、作业场景情况

（一）工作场景

绝缘手套作业法带负荷在 10kV 云门 112 线 02 号杆直线改耐张。

（二）工作任务

检查作业工器具：整理材料，对安全用具、绝缘工具进行检查，对绝缘工具应使用绝缘测试仪进行分段绝缘检测，绝缘电阻值不低于 700MΩ。查看绝缘臂、绝缘斗良好，调试斗臂车。

安装绝缘遮蔽措施：按照由近及远，从大到小，从低到高的原则，根据现场实际对作业中可能触及的其他带电体及无法满足安全距离的接地体（导线支承件、金属紧固件、横担、拉线等）应采取绝缘遮蔽措施。

安装绝缘横担：斗内电工与地面电工配合，在原有导线下方适当位置安装绝缘横担。

转移导线：逐相转移导线至绝缘横担。

更换横担：拆除原横担绝缘遮蔽并更换为耐张横担与耐张线夹并恢复绝缘包裹。

转移导线：逐相转移导线至耐张横担。

安装绝缘引流线：斗内电工在 10kV 云门 122 线 02 号杆两侧按照远、中、近的顺序，依次同相跨接导线。

测流：斗内电工测量绝缘引流线通流正常。

三相改耐张：斗内电工对近边相紧线，近边相开耐张，斗内电工按照近、远、中的顺序，依次改耐张。

拆除旁路系统：斗内电工按照近、中、远的顺序依此拆除绝缘引流线。

工作完成：工作完成后斗内电工按照"从远到近，从上到下、先接地体后带电体"拆除遮蔽原则拆除绝缘遮蔽隔离措施。绝缘斗退出带电作业工作区域，作业人员返回地面。

（三）票种选择

配电带电作业工作票。

（四）人员分工及安排

本次工作有 1 个作业地点，2 台绝缘斗臂车。本张工作票设置专责监护人 1 人，绝缘斗臂车作业人员 4 人，地面辅助人员 2 人。参与本次工作的共 8 人（含工作负责人），具体分工为：

张三（工作负责人兼任监护人）：负责工作的整体协调组织，合理安排作业人员分工。

李四（专责监护人）：负责监护斗内电工王五、王二、李某、王某在 10kV 云门 122 线 02 号杆进行作业。

王一、赵三（地面成员）：负责地面辅助工作。

（五）场景接线图

绝缘手套作业法带负荷直线杆改耐张杆（利用绝缘引流线搭建旁路系统）场景示意图见图 4-13。

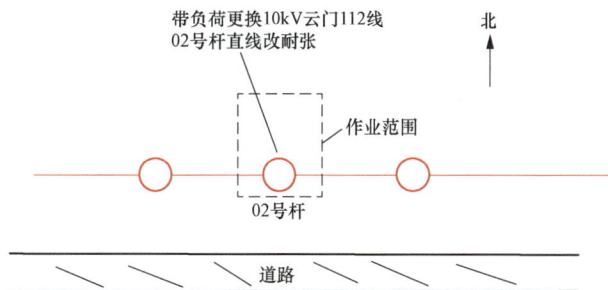

图 4-13　绝缘手套作业法带负荷直线杆改耐张杆（利用绝缘引流线搭建旁路系统）场景示意图

二、工作票样例

配电带电作业工作票

单　位：××电力工程分公司　　编　号：配 D20221156

1. 工作负责人：张三　　　　班　组：不停电作业一班

2. 工作班成员（不包括工作负责人）

不停电作业一班：李四、王五、王二、王一、李某、王某、赵三

共 7 人

3. 工作任务

线路名称、设备双重名称	工作地点	工作内容及人员分工	监护人
10kV 云门 112 线	02 号杆	绝缘手套作业法带负荷在 10kV 云门 112 线 02 号杆直线改耐张。 斗内电工：王五、王二、李某、王某。 地面电工：王一、赵三	张三

4. 计划工作时间

自 2023 年 03 月 18 日 09 时 00 分至 2023 年 03 月 18 日 16 时 00 分。

5. 安全措施

5.1　调控或运维人员应采取的安全措施：

右侧批注栏：

1.【班组】
对于包含工作负责人在内有两个及以上的班组人员共同进行的工作，应填写"综合班组"。

2.【工作班成员（不包括工作负责人）】
填写除工作负责人以外的所有参与现场工作的人员。

3.【工作任务】
【线路名称、设备双重名称】统一为 10kV××线。
【工作地点】统一为××号杆。
【工作内容及人员分工】统一为绝缘手套（杆）作业法+作业方式+设备名称+作业项目；杆上（斗内）电工至少需要 2 名；地面电工至少需要 1 名。
【监护人】带电作业应有人监护。监护人不应直接操作，监护的范围不应超过一个作业点。

4.【计划工作时间】
填写计划检修起始时间和结束时间，该时间应在调度批准的检修时间段内。

5.【安全措施】
【线路名称、设备双重名称】统一为 10kV××线。
【是否需要停用重合闸】本项目需停用线路重合闸。
【作业点负荷侧需要停电的线路、设备】根据作业

线路名称、设备双重名称	是否需要停用重合闸	作业点负荷侧需要停电的线路、设备	应装设的安全遮栏（围栏）和悬挂的标示牌
10kV 云门 112 线	是	无	无

项目填写需要停电的线路、设备。对于多台配电变压器、专用变压器的停电措施应全部填写。
【应装设的安全遮栏（围栏）和悬挂的标示牌】根据停电的线路、设备填写是否需要悬挂的标示牌。

5.2　其他危险点预控措施和注意事项：

（1）带电作业应在良好天气下进行，作业前应进行风速和湿度测量。风力大于 5 级或湿度大于 80%时，不宜带电作业。若遇雷电、雪、雹、雨、雾等不良天气，不应带电作业。带电作业过程中若遇天气突然变化，有可能危及人身及设备安全时，应立即停止工作，撤离人员，恢复设备正常状况，或采取临时安全措施。

（2）在工作地点四周装设围栏（网），入口处悬挂"从此进入""在此工作"标示牌。作业时，封闭入口，并向外悬挂"止步，高压危险"标示牌。

（3）高空作业人员应穿戴好绝缘防护用具，全程正确使用安全带，10kV绝缘操作杆有效长度不得小于 0.7m，绝缘绳索有效长度应大于 0.4m，工作前应检查安全工器具、绝缘防护用具合格、齐备，工作中应正确使用。

（4）作业前应使用验电器对线路和设备进行验电，确认无漏电现象。

（5）作业过程中，不论线路是否带电，都应始终认为线路有电。

（6）作业中，人体应保持对地不小于 0.4m；如不能确保该安全距离时，应采用绝缘遮蔽措施，遮蔽用具之间的重叠部分不得小于 150mm。作业人员严禁同时接触不同电位，防止人体串入电路。

（7）绝缘臂有效长度不小于 1m，斗臂车金属部分对带电体安全距离不小于 0.9m，绝缘斗臂车接地连接要可靠。

（8）作业前需测量线路电流小于旁路系统额定电流。在进行三相导线开断前，应检查绝缘引流线连接可靠，测量分流正常，并应得到工作监护人的许可。

（9）在导线收紧后开断导线前，应加设防导线脱落的后备保护安全措施。

（10）三相导线的连接工作未完成前，绝缘引流线不得拆除。

（11）组装、拆除绝缘引流线以及紧线、开断导线应同相同步进行。

工作票签发人签名：<u>张一</u>　<u>2023</u>年<u>03</u>月<u>17</u>日<u>13</u>时<u>15</u>分

工作票会签人签名：<u>王一</u>　<u>2023</u>年<u>03</u>月<u>17</u>日<u>13</u>时<u>20</u>分

工作负责人签名：<u>张三</u>　　　<u>2023</u> 年 <u>03</u> 月 <u>17</u> 日 <u>13</u> 时 <u>30</u> 分

6. 工作许可

许可的线路、设备	许可方式	工作许可人	工作负责人签名	工作许可时间
10kV 云门 112 线 02 号杆	当面	李一	张三	2023 年 03 月 18 日 10 时 25 分
				年　月　日　时　分

7. 现场补充的安全措施

<u>无。　　　　　　　　　　　　　　　　　　</u>

8. 现场交底，工作班成员确认工作负责人布置的工作任务、人员分工、安全措施和注意事项并签名：

<u>李四、王五、王二、王一、李某、王某、赵三　　　</u>

9. <u>2023</u> 年 <u>03</u> 月 <u>18</u> 日 <u>10</u> 时 <u>30</u> 分工作负责人下令开始工作。

10. 人员变更

10.1　工作负责人变动情况：原工作负责人_____离去，变更_____为工作负责人。

工作票签发人：_____　　　　_____年___月___日___时___分

原工作负责人签名确认：_____

新工作负责人签名确认：_____　　　_____年___月___日___时___分

10.2　工作人员变动情况。

新增人员	姓名					
	变更时间					
	工作负责人签名					

续表

离开人员	姓名					
	变更时间					
	工作负责人签名					

11. 工作票延期

有效期延长到____年__月__日__时__分。

工作负责人签名：_____ ____年__月__日__时__分

工作许可人签名：_____ ____年__月__日__时__分

12. 工作终结

12.1 工作班人员已全部撤离现场，工具、材料已清理完毕，杆塔、设备上已无遗留物。

12.2 工作终结报告。

终结的线路或设备	报告方式	工作许可人	工作负责人签名	终结报告时间
10kV 云门 112 线 02 号杆	当面	李一	张三	2023 年 03 月 18 日 10 时 40 分
				年 月 日 时 分
				年 月 日 时 分
				年 月 日 时 分

13. 备注

风速：3 级；湿度：50%。

4.12 带电断空载电缆线路与架空线路连接引线

一、作业场景情况

（一）工作场景

绝缘手套作业法带电断 10kV 云门 112 线 02 号杆空载电缆线路与架空线路连接引线。

（二）工作任务

检查作业工器具：整理材料，对安全用具、绝缘工具进行检查，对绝缘工具应使用绝缘测试仪进行分段绝缘检测，绝缘电阻值不低于 700MΩ。查看绝缘臂、绝缘斗良好，调试斗臂车。

安装绝缘包裹：按照由近及远，从大到小，从低到高的原则，根据现场实际对作业中可能触及的其他带电体及无法满足安全距离的接地体（导线支承件、金属紧固件、横担、拉线等）应采取绝缘遮蔽措施。

安装消弧装置：斗内电工确认消弧开关处于断开位置后，将消弧开关挂在导线上。

安装绝缘引流线：用绝缘引流线连接消弧开关下端导电杆和同相电缆终端。

合上消弧装置：斗内电工用绝缘操作杆合上消弧开关。

断开电缆引线：斗内电工用锁杆将引线接头临时固定在同相架空导线上，调整工作位置后将电缆引线和架空导线断开。

拉开消弧装置：斗内电工用绝缘操作杆断开消弧开关。

拆除绝缘引流线：斗内电工将绝缘引流线依次从电缆终端和消弧开关导电杆处拆除绝缘引流线，然后从架空导线上取下消弧开关。

其余两相引线断开按相同的方法进行。三相引线断开，可按先近后远或根据现场情况先两侧、后中间的顺序进行。

拆绝缘隔离：斗内电工拆除绝缘隔离措施，绝缘斗退出有电工作区域，专业人员返回地面。

（三）票种选择

配电带电作业工作票。

（四）人员分工及安排

本次工作有 1 个作业地点，一台绝缘斗臂车。本张工作票设置监护人 1 人，绝缘斗臂车作业人员 2 人，地面辅助人员 1 人。参与本次工作的共 4 人（含工作负责人），具体分工为：

张三（工作负责人兼任监护人）：负责工作的整体协调组织，合理安排作业人员分工。监护斗内电工王五、王二在 10kV 云门 112 线 02 号杆进行作业。

王五、王二（斗内电工）：负责断 10kV 云门 112 线 02 号杆空载电缆与架空线路连接引线。

王一（工作班成员）：负责地面辅助工作。

（五）场景接线图

绝缘手套作业法带电断空载电缆线路与架空线路连接引线场景示意图见图 4-14。

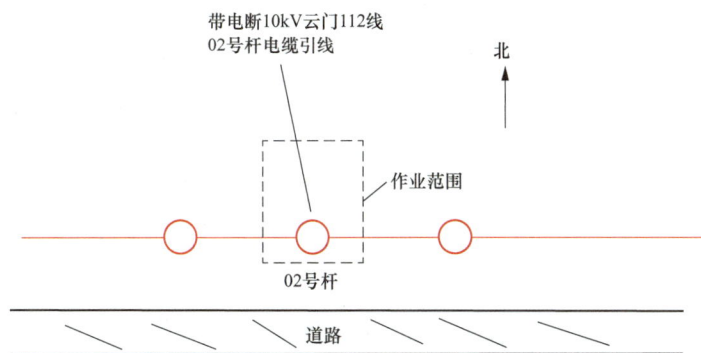

图 4-14　绝缘手套作业法带电断空载电缆线路与架空线路连接引线场景示意图

二、工作票样例

配电带电作业工作票

单　位：××电力工程分公司　　　编　号：配 D20221156

1. 工作负责人：张三　　　　　　班　组：不停电作业一班

1.【班组】
对于包含工作负责人在内有两个及以上的班组人员共同进行的工作，应填写"综合班组"。

2. 工作班成员（不包括工作负责人）

不停电作业一班：王五、王二、王一

共 3 人

2.【工作班成员（不包括工作负责人）】
填写除工作负责人以外的所有参与现场工作的人员。

3. 工作任务

线路名称、设备双重名称	工作地点	工作内容及人员分工	监护人
10kV 云门 112 线	02 号杆	绝缘手套作业法带电断 10kV 云门 112 线 02 号杆空载电缆线路。 斗内电工：王五、王二。 地面电工：王一	张三

3.【工作任务】
【线路名称、设备双重名称】统一为 10kV××线。
【工作地点】统一为××号杆。
【工作内容及人员分工】统一为绝缘手套（杆）作业法+作业方式+设备名称+作业项目；杆上（斗内）电工至少需要 2 名；地面电工至少需要 1 名。
【监护人】带电作业应有人监护。监护人不应直接操作，监护的范围不应超过一个作业点。

4. 计划工作时间

自 2023 年 03 月 18 日 09 时 00 分至 2023 年 03 月 18 日 16 时 00 分。

4.【计划工作时间】
填写计划检修起始时间和结束时间，该时间应在调度批准的检修时间段内。

5. 安全措施

5.1　调控或运维人员应采取的安全措施：

线路名称、设备双重名称	是否需要停用重合闸	作业点负荷侧需要停电的线路、设备	应装设的安全遮栏（围栏）和悬挂的标示牌
10kV 云门 112 线	是	10kV 云门 122 线 02 号杆空载电缆后端断路器、熔断器或隔离开关	在 10kV 云门 122 线 02 号杆空载电缆后端断路器、熔断器或隔离开关处悬挂"禁止合闸，线路有人工作"标示牌

5.【安全措施】
【线路名称、设备双重名称】统一为 10kV××线。
【是否需要停用重合闸】本项目需停用线路重合闸。
【作业点负荷侧需要停电的线路、设备】根据作业项目填写需要停电的线路、设备。对于多台配电变压器、专用变压器的停电措施应全部填写。
【应装设的安全遮栏（围栏）和悬挂的标示牌】根据停电的线路、设备填写是否需要悬挂的标示牌。

5.2　其他危险点预控措施和注意事项：

（1）带电作业应在良好天气下进行，作业前应进行风速和湿度测量。风力大于 5 级或湿度大于 80%时，不宜带电作业。若遇雷电、雪、雹、雨、雾等不良天气，不应带电作业。带电作业过程中若遇天气突然变化，有可能危及人身及设备安全时，应立即停止工作，撤离人员，恢复设备正常状况，或采取临时安全措施。

（2）在工作地点四周装设围栏（网），入口处悬挂"从此进入""在此工作"标示牌。作业时，封闭入口，并向外悬挂"止步，高压危险"标示牌。

（3）高空作业人员应穿戴好绝缘防护用具，全程正确使用安全带，10kV 绝缘操作杆有效长度不得小于 0.7m，绝缘绳索有效长度应大于 0.4m，工作前应检查安全工器具、绝缘防护用具合格、齐备，工作中应正确使用。

（4）作业前应使用验电器对线路和设备进行验电，确认无漏电现象。

（5）作业过程中，不论线路是否带电，都应始终认为线路有电。

（6）作业中，人体应保持对地不小于 0.4m；如不能确保该安全距离时，应采用绝缘遮蔽措施，遮蔽用具之间的重叠部分不得小于 150mm。作业人员严禁同时接触不同电位，防止人体串入电路。

（7）绝缘臂有效长度不小于 1m，斗臂车金属部分对带电体安全距离不小于 0.9m，绝缘斗臂车接地连接要可靠。

（8）作业前，应检查电缆所连接的开关设备状态，确认电缆空载。

（9）断电缆引线前应检查相序并做好标记。断电缆引线空载电缆电容电流大于 0.1A 时应采取消弧措施。

（10）使用消弧开关前应确认消弧开关在断开位置并闭锁，防止其突然合闸。

（11）合消弧开关前应再次确认接线正确无误，防止相序错误引发短路。

（12）消弧开关的状态，应通过其操作机构位置（或灭弧室动静触头相对位置）以及用电流检测仪测量电流的方式综合判断。

（13）在消弧开关和电缆终端间安装绝缘引流线，应先接无电端、再接有电端。

（14）带电断引线时已断开相导线，应在采取防感应电措施后方可触及。

工作票签发人签名： <u>张一</u>　<u>2023</u> 年 <u>03</u> 月 <u>17</u> 日 <u>13</u> 时 <u>14</u> 分

工作票会签人签名： <u>王一</u>　<u>2023</u> 年 <u>03</u> 月 <u>17</u> 日 <u>13</u> 时 <u>20</u> 分

工作负责人签名： <u>张三</u>　<u>2023</u> 年 <u>03</u> 月 <u>17</u> 日 <u>13</u> 时 <u>30</u> 分

6. 工作许可

许可的线路、设备	许可方式	工作许可人	工作负责人签名	工作许可时间
10kV 云门 112 线 02 号杆	当面	李一	张三	2023 年 03 月 18 日 10 时 23 分
				年　月　日　时　分
				年　月　日　时　分

7. 现场补充的安全措施

　　无。_____

8. 现场交底，工作班成员确认工作负责人布置的工作任务、人员分工、安全措施和注意事项并签名：

　　王五、王二、王一_____

9. <u>2023</u> 年 <u>03</u> 月 <u>18</u> 日 <u>10</u> 时 <u>25</u> 分工作负责人下令开始工作。

10. 人员变更

10.1　工作负责人变动情况：原工作负责人_____离去，变更_____为工作负责人。

工作票签发人：_____　　　　_____年___月___日___时___分

原工作负责人签名确认：_____

新工作负责人签名确认：_____　　　　_____年___月___日___时___分

10.2　工作人员变动情况。

新增人员	姓名					
	变更时间					
	工作负责人签名					

6.【工作许可】
【许可的线路、设备】10kV××线××号杆。
【许可方式】统一为：当面。
【工作许可人】手工签名、不得漏签、代签。
【工作负责人签名】手工签名、不得漏签、代签。
【工作许可时间】统一为××××年××月××日××时××分。

7.【现场补充的安全措施】
工作负责人及工作许可人可根据作业前现场实际情况补充相应的安全措施，如现场无需补充安全措施应填写"无"。

8.【现场交底】
所有工作班成员在明确了工作负责人、专责监护人交代的工作任务、人员分工、安全措施和注意事项后，在工作负责人所持工作票上签名，不得代签。

10.【人员变更】
包括工作负责人变动及工作人员变动，根据实际工作情况据实填写。

续表

离开人员	姓名					
	变更时间					
	工作负责人签名					

11. 工作票延期

有效期延长到＿＿＿＿年＿＿月＿＿日＿＿时＿＿分。

工作负责人签名：＿＿＿＿＿　　＿＿＿＿年＿＿月＿＿日＿＿时＿＿分

工作许可人签名：＿＿＿＿＿　　＿＿＿＿年＿＿月＿＿日＿＿时＿＿分

11.【工作票延期】
工作需延期，应在工作计划结束时间前由工作负责人向工作许可人提出申请，办理延期手续。对于需经调度许可的工作，工作许可人还应得到调度许可后，方可与工作负责人办理工作票延期手续。工作票只能延期一次。

12. 工作终结

12.1　工作班人员已全部撤离现场，工具、材料已清理完毕，杆塔、设备上已无遗留物。

12.2　工作终结报告。

终结的线路或设备	报告方式	工作许可人	工作负责人签名	终结报告时间
10kV 云门 112 线 02 号杆	当面	李一	张三	2023 年 03 月 18 日 10 时 40 分
				年　月　日　时　分
				年　月　日　时　分
				年　月　日　时　分

13. 备注

风速：3 级；湿度：50%。

13.【备注】
风速不能大于 5 级，湿度不能大于 80%；相序和负荷电流情况，根据作业项目实际需要填写；如设置专责监护人，应填写指定的专责监护人监护的人员、地点及工作内容。

4.13　带电接空载电缆线路与架空线路连接引线

一、作业场景情况

（一）工作场景

绝缘手套作业法带电接 10kV 云门 112 线 02 号杆空载电缆线路。

（二）工作任务

检查作业工器具：整理材料，对安全用具、绝缘工具进行检查，对绝缘工具应使用绝缘测试仪进行分段绝缘检测，绝缘电阻值不低于 700MΩ。查看绝缘臂、绝缘斗良好，调试斗臂车。

安装绝缘遮蔽措施：按照由近及远，从大到小，从低到高的原则，根据现场实际对作业中可能触及的其他带电体及无法满足安全距离的接地体（导线支承件、金属紧固件、横担、拉线等）应采取绝缘遮蔽措施。

安装消弧装置：斗内电工确认消弧开关处于断开位置后，将消弧开关挂在导线上。

安装绝缘引流线：用绝缘引流线连接消弧开关下端导电杆和同相电缆终端。

合上消弧装置：斗内电工用绝缘操作杆合上消弧开关。

连接电缆引线：斗内电工用锁杆将引线接头临时固定在同相架空导线上，调整工作位置后将电缆引线连接到架空导线。

拉开消弧装置：斗内电工用绝缘操作杆断开消弧开关。

拆除绝缘引流线：斗内电工将绝缘引流线依次从电缆终端和消弧开关导电杆处拆除绝缘引流线，然后从架空导线上取下消弧开关。

其余两相引线搭接按相同的方法进行。三相引线搭接，可按先远后近或根据现场情况先中间、后两侧的顺序进行。

工作完成：斗内电工按照"从远到近，从上到下、先接地体后带电体"拆除遮蔽原则拆除绝缘遮蔽隔离措施。绝缘斗退出带电作业工作区域，作业人员返回地面。

（三）票种选择

配电带电作业工作票。

（四）人员分工及安排

本次工作有 1 个作业地点，1 台绝缘斗臂车。本张工作票设置监护人 1 人，绝缘斗臂车作业人员 2 人，地面辅助人员 1 人。参与本次工作的共 4 人（含工作负责人），具体分工为：

张三（工作负责人兼任监护人）：负责工作的整体协调组织，合理安排作业人员分工。监护斗内电工王五、王二在 10kV 云门 112 线 02 号杆 进行作业。

王五、王二（斗内电工）：负责接 10kV 云门 112 线 02 号杆空载电缆与架空线路连接引线。

王一（地面成员）：负责地面辅助工作。

（五）场景接线图

绝缘手套作业法带电接空载电缆线路场景示意图见图 4-15。

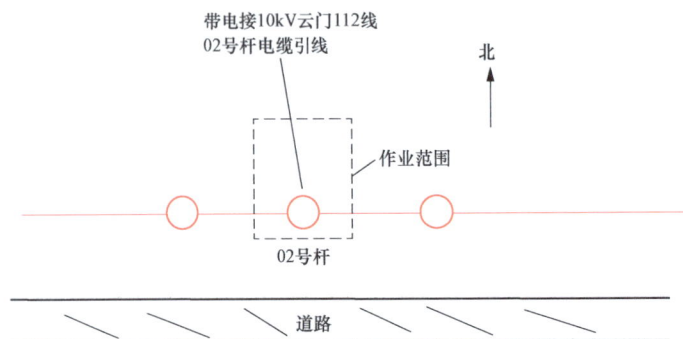

图 4-15　绝缘手套作业法带电接空载电缆线路场景示意图

二、工作票样例

配电带电作业工作票

单　位：××电力工程分公司　　编　号：配 D20221156

1. 工作负责人：张三　　　　　班　组：不停电作业一班

2. 工作班成员（不包括工作负责人）

不停电作业一班：王五、王二、王一

共 4 人

3. 工作任务

线路名称、设备双重名称	工作地点	工作内容及人员分工	监护人
10kV 云门 112 线	02 号杆	绝缘手套作业法带电接 10kV 云门 112 线 02 号杆空载电缆线路。 斗内电工：王五、王二。 地面电工：王一	张三

4. 计划工作时间

自 2023 年 03 月 18 日 09 时 00 分至 2023 年 03 月 18 日 16 时 00 分。

5. 安全措施

5.1　调控或运维人员应采取的安全措施：

线路名称、设备双重名称	是否需要停用重合闸	作业点负荷侧需要停电的线路、设备	应装设的安全遮栏（围栏）和悬挂的标示牌
10kV 云门 112 线	是	10kV 云门 112 线 02 号杆空载电缆后端断路器、熔断器或隔离开关	在 10kV 云门 112 线 02 号杆空载电缆后端断路器、熔断器或隔离开关处悬挂"禁止合闸，线路有人工作"标示牌

1.【班组】
对于包含工作负责人在内有两个及以上的班组人员共同进行的工作，应填写"综合班组"。

2.【工作班成员（不包括工作负责人）】
填写除工作负责人以外的所有参与现场工作的人员。

3.【工作任务】
【线路名称、设备双重名称】统一为 10kV××线。
【工作地点】统一为××号杆。
【工作内容及人员分工】统一为绝缘手套（杆）作业法+作业方式+设备名称+作业项目；杆上（斗内）电工至少需要 2 名；地面电工至少需要 1 名。
【监护人】带电作业应有人监护。监护人不应直接操作，监护的范围不应超过一个作业点。

4.【计划工作时间】
填写计划检修起始时间和结束时间，该时间应在调度批准的检修时间段内。

5.【安全措施】
【线路名称、设备双重名称】统一为 10kV××线。
【是否需要停用重合闸】本项目需停用线路重合闸。
【作业点负荷侧需要停电的线路、设备】根据作业项目填写需要停电的线路、设备。对于多台配电变压器、专用变压器的停电措施应全部填写。
【应装设的安全遮栏（围栏）和悬挂的标示牌】根据停电的线路、设备填写是否需要悬挂标示牌。

5.2　其他危险点预控措施和注意事项：

（1）带电作业应在良好天气下进行，作业前应进行风速和湿度测量。风力大于 5 级或湿度大于 80%时，不宜带电作业。若遇雷电、雪、雹、雨、雾等不良天气，不应带电作业。带电作业过程中若遇天气突然变化，有可能危及人身及设备安全时，应立即停止工作，撤离人员，恢复设备正常状况，或采取临时安全措施。

（2）在工作地点四周装设围栏（网），入口处悬挂"从此进入""在此工作"标示牌。作业时，封闭入口，并向外悬挂"止步，高压危险"标示牌。

（3）高空作业人员应穿戴好绝缘防护用具，全程正确使用安全带，10kV 绝缘操作杆有效长度不得小于 0.7m，绝缘绳索有效长度应大于 0.4m，工作前应检查安全工器具、绝缘防护用具合格、齐备，工作中应正确使用。

（4）作业前应使用验电器对线路和设备进行验电，确认无漏电现象。

（5）作业过程中，不论线路是否带电，都应始终认为线路有电。

（6）作业中，人体应保持对地不小于0.4m；如不能确保该安全距离时，应采用绝缘遮蔽措施，遮蔽用具之间的重叠部分不得小于150mm。作业人员严禁同时接触不同电位，防止人体串入电路。

（7）绝缘臂有效长度不小于 1m，斗臂车金属部分对带电体安全距离不小于0.9m，绝缘斗臂车接地连接要可靠。

（8）作业前，应确认电缆线路试验合格，对侧电缆终端连接完好，接地已拆除，并与负荷设备断开。

（9）带电接电缆引线之前，应确认电缆线路试验合格，对侧电缆终端连接完好，接地已拆除，并与负荷设备断开。

（10）接电缆引线前应检查相序并做好标记。接电缆引线当空载电缆电容电流时大于 0.1A 时应采取消弧措施。

（11）使用消弧开关前应确认消弧开关在断开位置并闭锁，防止其突然合闸。

（12）合消弧开关前应再次确认接线正确无误，防止相序错误引发短路。

（13）消弧开关的状态，应通过其操作机构位置（或灭弧室动静触头相对位置）以及用电流检测仪测量电流的方式综合判断。

（14）在消弧开关和电缆终端间安装绝缘引流线，应先接无电端、再接有电端。

（15）带电接引线时未接通相导线，应在采取防感应电措施后方可触及。

工作票签发人签名：<u>张一</u>　　<u>2023</u> 年 <u>03</u> 月 <u>17</u> 日 <u>13</u> 时 <u>15</u> 分

工作票会签人签名：<u>王一</u>　　<u>2023</u> 年 <u>03</u> 月 <u>17</u> 日 <u>13</u> 时 <u>20</u> 分

工作负责人签名：<u>张三</u>　　<u>2023</u> 年 <u>03</u> 月 <u>17</u> 日 <u>13</u> 时 <u>30</u> 分

6. 工作许可

许可的线路、设备	许可方式	工作许可人	工作负责人签名	工作许可时间
10kV 云门 122 线 02 号杆	当面	李一	张三	2023 年 03 月 18 日 10 时 25 分

6.【工作许可】
【许可的线路、设备】10kV××线××号杆。
【许可方式】统一为：当面。
【工作许可人】手工签名、不得漏签、代签。
【工作负责人签名】手工签名、不得漏签、代签。
【工作许可时间】统一为××××年××月××日××时××分。

7. 现场补充的安全措施

　　<u>无。</u>

7.【现场补充的安全措施】
工作负责人及工作许可人可根据作业前现场实际情况补充相应的安全措施，如现场无需补充安全措施应填写"无"。

8. 现场交底，工作班成员确认工作负责人布置的工作任务、人员分工、安全措施和注意事项并签名：

　　<u>王五、王二、王一</u>

8.【现场交底】
所有工作班成员在明确了工作负责人、专责监护人交代的工作任务、人员分工、安全措施和注意事项后，在工作负责人所持工作票上签名，不得代签。

9. <u>2023</u> 年 <u>03</u> 月 <u>18</u> 日 <u>10</u> 时 <u>30</u> 分工作负责人下令开始工作。

10. 人员变更

10.1　工作负责人变动情况：原工作负责人_____离去，变更_____为工作负责人。

工作票签发人：_____　　_____年__月__日__时__分

原工作负责人签名确认：_____

新工作负责人签名确认：_____　　_____年__月__日__时__分

10.2　工作人员变动情况。

10.【人员变更】
包括工作负责人变动及工作人员变动，根据实际工作情况据实填写。

新增人员	姓名					
	变更时间					
	工作负责人签名					

续表

离开人员	姓名				
	变更时间				
	工作负责人签名				

11. 工作票延期

有效期延长到＿＿＿年＿＿月＿＿日＿＿时＿＿分。

工作负责人签名：＿＿＿＿　＿＿＿＿年＿＿月＿＿日＿＿时＿＿分

工作许可人签名：＿＿＿＿　＿＿＿＿年＿＿月＿＿日＿＿时＿＿分

11.【工作票延期】
工作需延期，应在工作计划结束时间前由工作负责人向工作许可人提出申请，办理延期手续。对于需经调度许可的工作，工作许可人还应得到调度许可后，方可与工作负责人办理工作票延期手续。工作票只能延期一次。

12. 工作终结

12.1 工作班人员已全部撤离现场，工具、材料已清理完毕，杆塔、设备上已无遗留物。

12.2 工作终结报告。

终结的线路或设备	报告方式	工作许可人	工作负责人签名	终结报告时间
10kV 云门 122 线 02 号杆	当面	李一	张三	2023 年 03 月 18 日 10 时 40 分
				年　月 日　时　分
				年　月 日　时　分
				年　月 日　时　分

13. 备注

风速：3 级；湿度：50%。＿＿＿＿＿＿＿＿＿＿＿

13.【备注】
风速不能大于 5 级，湿度不能大于 80%；相序和负荷电流情况，根据作业项目实际需要填写；如设置专责监护人，应填写指定的专责监护人监护的人员、地点及工作内容。

4.14　带负荷直线杆改耐张杆并加装柱上开关或隔离开关

4.14.1　利用旁路负荷开关搭建旁路系统

一、作业场景情况

（一）工作场景

绝缘手套作业法带负荷 10kV 云门 122 线 02 号杆直线改耐张并加装柱上开关（隔离开关）。

（二）工作任务

检查作业工器具：整理材料，对安全用具、绝缘工具进行检查，对绝缘工具应使用绝缘测试仪进行分段绝缘检测，绝缘电阻值不低于 700MΩ。查看绝缘臂、绝缘斗良好，调试斗臂车，连接旁路电缆和旁路负荷开关并做导通试验和绝缘电阻试验。

检查调试柱上开关：检查调试柱上开关，闭锁开关跳闸回路。

测量电流：斗内电工操作绝缘斗臂车进入工作位置测量三相电流，并将测得的电流数值报告工作负责人确认。

直线杆安装绝缘包裹：按照由近及远，从大到小，从低到高的原则，根据现场实际对作业中可能触及的其他带电体及无法满足安全距离的接地体（导线支承件、金属紧固件、横担、拉线等）应采取绝缘遮蔽措施。

安装旁路电缆：斗内电工在 10kV 云门 122 线 02 号杆两侧按照远、中、近的顺序，依次挂接旁路电缆并搭接。

合上旁路负荷开关并测流：地面电工合上负荷开关并测流。

安装绝缘横担：斗内电工与地面电工配合，在原有导线下方适当位置安装绝缘横担。

转移导线：逐相转移导线至绝缘横担。

更换横担：拆除原横担绝缘遮蔽并更换为耐张横担与耐张线夹并恢复绝缘包裹。

转移导线：逐相转移导线至耐张横担。

三相改耐张：斗内电工对近边相紧线，近边相开耐张，斗内电工按照近、远、中的顺序，依次改耐张。

安装柱上开关：吊装柱上开关，确认开关在"分"的位置，并将机构闭锁。

带电搭接柱上开关两侧弓头线：1、2 号绝缘斗臂车人员分别对柱上开关大小号侧弓头线进行带电搭接。

合闸柱上开关：操作班人员对柱上开关进行合闸操作。

测量电流：斗内电工测量引线电流以及导线的电流。

拆除旁路系统：地面电工断开旁路负荷开关，斗内电工拆除旁路电缆。

工作完成：工作完成后斗内电工按照"从远到近，从上到下、先接地体后带电体"拆除遮蔽原则拆除绝缘遮蔽隔离措施。绝缘斗退出带电作业工作区域，作业人员返回地面。

（三）票种选择

配电带电作业工作票。

（四）人员分工及安排

本次工作有 1 个作业地点，2 台绝缘斗臂车。本张工作票设置专责监护人 1 人，绝缘斗臂车作业人员 4 人，地面辅助人员 2 人。参与本次工作的共 8 人（含工作负责人），具体分工为：

张三（工作负责人兼任监护人）：负责工作的整体协调组织，合理安排作业人员分工。

李四（专责监护人）：负责监护斗内电工王五、王二、李某、王某在 10kV 云门 122 线 02 号杆进行作业。

王一、赵三（工作班成员）：负责地面辅助工作。

王五、王二、李某、王某（斗内电工）：负责斗内工作。

（五）场景接线图

绝缘手套作业法带负荷直线杆改耐张杆并加装柱上开关（利用旁路负荷开关搭建旁路系统）场景接线图见图 4-16。

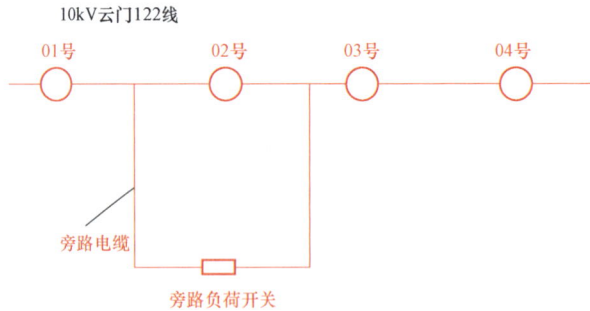

图 4-16 绝缘手套作业法带负荷直线杆改耐张杆并加装柱上开关（利用旁路负荷开关搭建旁路系统）场景接线图

二、工作票样例

配电带电作业工作票

单　位：××电力工程分公司　　编　号：配 D20221156

1. 工作负责人：张三　　　班　组：不停电作业一班

2. 工作班成员（不包括工作负责人）

不停电作业一班：李四、王五、王二、王一、李某、王某、赵三

共 8 人

3. 工作任务

线路名称、设备双重名称	工作地点	工作内容及人员分工	监护人
10kV 云门 122 线	02 号杆	绝缘手套作业法带负荷 10kV 云门 122 线 02 号杆直线改耐张并加装柱上开关（隔离开关）。 斗内电工：王五、王二、李某、王某。 地面电工：王一、赵三	张三

1.【班组】
对于包含工作负责人在内有两个及以上的班组人员共同进行的工作，应填写"综合班组"。

2.【工作班成员（不包括工作负责人）】
填写除工作负责人以外的所有参与现场工作的人员。

3.【工作任务】
【线路名称、设备双重名称】统一为 10kV××线。
【工作地点】统一为××号杆。
【工作内容及人员分工】统一为绝缘手套（杆）作业法+作业方式+设备名称+作业项目；杆上（斗内）电工至少需要 2 名；地面电工至少需要 1 名。
【监护人】带电作业应有人监护。监护人不应直接操作，监护的范围不应超过一个作业点。

4. 计划工作时间

自 <u>2023</u> 年 <u>03</u> 月 <u>18</u> 日 <u>09</u> 时 <u>00</u> 分至 <u>2023</u> 年 <u>03</u> 月 <u>18</u> 日 <u>16</u> 时 <u>00</u> 分。

5. 安全措施

5.1　调控或运维人员应采取的安全措施：

线路名称、设备双重名称	是否需要停用重合闸	作业点负荷侧需要停电的线路、设备	应装设的安全遮栏（围栏）和悬挂的标示牌
10kV 云门 122 线	是	无	无

5.2　其他危险点预控措施和注意事项：

（1）带电作业应在天气良好条件下进行，作业前需进行风速和温湿度测量并记录。风力大于 5 级、湿度大于 80%不得进行带电作业，如遇雷电、雪、雹、雨、雾等不良天气，禁止带电作业。带电作业过程中若遇天气突然变化，有可能危及人身及设备安全时，应立即停止工作，撤离人员，恢复设备正常状况，或采取临时安全措施。

（2）在工作地点四周装设围栏（网），入口处悬挂"从此进入""在此工作"标示牌。作业时，封闭入口，并向外悬挂"止步，高压危险"标示牌。

（3）高空作业人员应穿戴好绝缘防护用具，全程正确使用安全带，应戴护目镜。10kV 绝缘操作杆有效长度不得小于 0.7m，绝缘绳索类工具有效绝缘长度不小于 0.4m。工作前应检查绝缘工器具、绝缘防护用具合格、齐备，用 2500V 及以上绝缘电阻表进行检测，绝缘电阻 700MΩ以上。

（4）作业前应使用验电器对线路和设备进行验电，确认无漏电现象。

（5）作业过程中，不论线路是否带电，都应始终认为线路有电。

（6）作业中人体应保持对地 10kV 大于 0.4m 的安全距离，如不能确保该安全距离时，应采取可靠的绝缘遮蔽措施，对作业中可能触及的其他带电体及无法满足安全距离的接地体（导线支承件、金属紧固件、横担、拉线等）应采取绝缘遮蔽措施。绝缘遮蔽用具之间的重叠部分不得小于 150mm。作业人员严禁同时接触不同电位，防止人体串入电路。

（7）绝缘臂有效长度不小于 1m，绝缘斗臂车金属部分对带电体安全距离不小于 0.9m，绝缘斗臂车接地连接要可靠。

（8）作业前需测量线路电流小于旁路系统额定电流。旁路系统投入、退

4.【计划工作时间】
填写计划检修起始时间和结束时间，该时间应在调度批准的检修时间段内。

5.【安全措施】
【线路名称、设备双重名称】统一为 10kV××线。
【是否需要停用重合闸】本项目需停用线路重合闸。
【作业点负荷侧需要停电的线路、设备】根据作业项目填写需要停电的线路、设备。对于多台配电变压器、专用变压器的停电措施应全部填写。
【应装设的安全遮栏（围栏）和悬挂的标示牌】根据停电的线路、设备填写是否需要悬挂的标示牌。

出运行时均应对旁路电缆、开关引线进行测流，确认分流正常。

（9）在开断导线前，应有防导线脱落的后备保护措施。

（10）敷设旁路电缆时，须由多名作业人员配合使旁路电缆离开地面整体敷设，防止旁路电缆与地面摩擦，且不得受力。

（11）连接旁路作业设备前，应对各接口进行清洁和润滑，确认绝缘表面无污物、灰尘、水分、损伤。在插拔界面均匀涂润滑硅脂。

（12）敷设并连接好旁路设备后，应对整套旁路设备进行绝缘电阻检测，其绝缘电阻不应小于 500MΩ，旁路设备外壳应可靠接地。

（13）绝缘电阻检测完毕、拆除旁路设备前、拆除电缆终端后，均应逐相充分放电，用绝缘放电杆放电时，绝缘放电杆的接地应良好。

（14）旁路系统运行期间，应派专人看守、巡视，防止行人、车辆碰触。

（15）使用斗臂车小吊起吊开关要注意吊臂角度，防止超载倾翻。

（16）如新装柱上开关带有取能用电压互感器时，电源侧应串接带有明显断开点的设备，防止带负荷接引，并应闭锁其自动跳闸的回路，开关操作后应闭锁其操作机构，防止误操作。

工作票签发人签名：<u>张一</u>　　<u>2023</u> 年 <u>03</u> 月 <u>17</u> 日 <u>13</u> 时 <u>14</u> 分

工作票会签人签名：<u>王一</u>　　<u>2023</u> 年 <u>03</u> 月 <u>17</u> 日 <u>13</u> 时 <u>20</u> 分

工作负责人签名：<u>张三</u>　　　<u>2023</u> 年 <u>03</u> 月 <u>17</u> 日 <u>13</u> 时 <u>30</u> 分

6. 工作许可

许可的线路、设备	许可方式	工作许可人	工作负责人签名	工作许可时间
10kV 云门 122 线 02 号杆	当面	李一	张三	2023 年 03 月 18 日 10 时 23 分
				年 月 日 时 分
				年 月 日 时 分

7. 现场补充的安全措施

无。

6.【工作许可】
【许可的线路、设备】10kV××线××号杆。
【许可方式】统一为：当面。
【工作许可人】手工签名、不得漏签、代签。
【工作负责人签名】手工签名、不得漏签、代签。
【工作许可时间】统一为××××年××月××日××时××分。

7.【现场补充的安全措施】
工作负责人及工作许可人可根据作业前现场实际情况补充相应的安全措施，如现场无需补充安全措施应填写"无"。

8. 现场交底，工作班成员确认工作负责人布置的工作任务、人员分工、安全措施和注意事项并签名：

　　<u>李四、王五、王二、王一、李某、王某、赵三</u>

9. 2023 年 03 月 18 日 10 时 25 分工作负责人下令开始工作。

10. 人员变更

10.1　工作负责人变动情况：原工作负责人_____离去，变更_____为工作负责人。

工作票签发人：_____　　　　____年__月__日__时___分

原工作负责人签名确认：_____

新工作负责人签名确认：_____　　____年__月__日__时___分

10.2　工作人员变动情况。

	姓名					
新增人员	变更时间					
	工作负责人签名					
	姓名					
离开人员	变更时间					
	工作负责人签名					

11. 工作票延期

　　有效期延长到____年__月__日__时___分。

工作负责人签名：_____　　　____年__月__日__时___分

工作许可人签名：_____　　　____年__月__日__时___分

12. 工作终结

12.1　工作班人员已全部撤离现场，工具、材料已清理完毕，杆塔、设备上已无遗留物。

12.2　工作终结报告。

8.【现场交底】
所有工作班成员在明确了工作负责人、专责监护人交代的工作任务、人员分工、安全措施和注意事项后，在工作负责人所持工作票上签名，不得代签。

10.【人员变更】
包括工作负责人变动及工作人员变动，根据实际工作情况据实填写。

11.【工作票延期】
工作需延期，应在工作计划结束时间前由工作负责人向工作许可人提出申请，办理延期手续。对于需经调度许可的工作，工作许可人还应得到调度许可后，方可与工作负责人办理工作票延期手续。工作票只能延期一次。

终结的线路或设备	报告方式	工作许可人	工作负责人签名	终结报告时间
10kV 云门 122 线 02 号杆	当面	李一	张三	2023 年 03 月 18 日 10 时 40 分
				年　　月 日　时　分
				年　　月 日　时　分
				年　　月 日　时　分

13. 备注

风速：3 级；湿度：50%。

13.【备注】

风速不能大于 5 级，湿度不能大于 80%；相序和负荷电流情况，根据作业项目实际需要填写；如设置专责监护人，应填写指定的专责监护人监护的人员、地点及工作内容。

4.14.2　利用绝缘引流线搭建旁路系统

一、作业场景情况

（一）工作场景

绝缘手套作业法带负荷 10kV 云门 122 线 02 号杆直线改耐张并加装柱上开关（隔离开关）。

（二）工作任务

检查作业工器具：整理材料，对安全用具、绝缘工具进行检查，对绝缘工具应使用绝缘测试仪进行分段绝缘检测，绝缘电阻值不低于 700MΩ。查看绝缘臂、绝缘斗良好，调试斗臂车。

检查调试柱上开关：检查调试柱上开关，闭锁开关跳闸回路。

测量电流：斗内电工操作绝缘斗臂车进入工作位置测量三相电流，并将测得的电流数值报告工作负责人确认。

直线杆安装绝缘包裹：按照由近及远，从大到小，从低到高的原则，根据现场实际对作业中可能触及的其他带电体及无法满足安全距离的接地体（导线支承件、金属紧固件、横担、拉线等）应采取绝缘遮蔽措施。

安装绝缘横担：斗内电工与地面电工配合，在原有导线下方适当位置安装绝缘横担。

转移导线：逐相转移导线至绝缘横担。

更换横担：拆除原横担绝缘遮蔽并更换为耐张横担与耐张线夹并恢复绝缘包裹。

转移导线：逐相转移导线至耐张横担。

安装绝缘引流线：斗内电工在 10kV 云门 122 线 02 号杆两侧按照远、中、近的顺序，依次同相跨接导线。

测流：斗内电工测量绝缘引流线通流正常。

三相改耐张：斗内电工对近边相紧线，近边相开耐张，斗内电工按照近、远、中的顺序，依次改耐张。

安装柱上开关：吊装柱上开关，确认开关在"分"的位置，并将机构闭锁。

带电搭接柱上开关两侧弓头线：1、2 号绝缘斗臂车人员分别对柱上开关大小号侧弓头线进行带电搭接。

合闸柱上开关：操作班人员对柱上开关进行合闸操作。

测量电流：斗内电工测量引线电流以及导线的电流。

拆除旁路系统：斗内电工按照近、中、远的顺序依次拆除绝缘引流线。

工作完成：工作完成后斗内电工按照"从远到近，从上到下、先接地体后带电体"拆除遮蔽原则拆除绝缘遮蔽隔离措施。绝缘斗退出带电作业工作区域，作业人员返回地面。

（三）票种选择

配电带电作业工作票。

（四）人员分工及安排

本次工作有 1 个作业地点，2 台绝缘斗臂车。本张工作票设置专责监护人 1 人，绝缘斗臂车作业人员 4 人，地面辅助人员 2 人。参与本次工作的共 8 人（含工作负责人），具体分工为：

张三（工作负责人兼任监护人）：负责工作的整体协调组织，合理安排作业人员分工。

李四（专责监护人）：负责监护斗内电工王五、王二、李某、王某在 10kV 云门 122 线 02 号杆进行作业。

王一、赵三（工作班成员）：负责地面辅助工作。

王五、王二、李某、王某（斗内电工）：负责斗内工作。

（五）场景接线图

绝缘手套作业法带负荷直线杆改耐张杆并加装柱上开关（利用绝缘引流线搭建旁路系统）场景接线图见图 4-17。

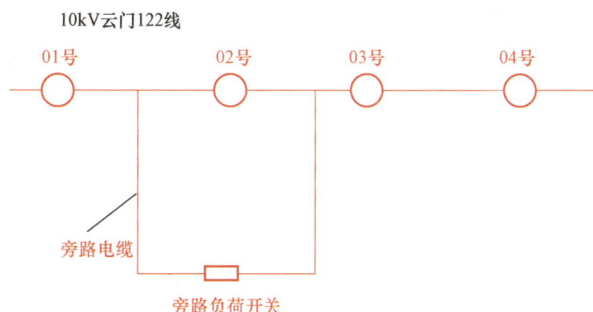

图 4-17　绝缘手套作业法带负荷直线杆改耐张杆并加装柱上开关（利用绝缘引流线搭建旁路系统）场景接线图

二、工作票样例

配电带电作业工作票

单　位：××电力工程分公司　　编　号：配 D20221156

1. 工作负责人：张三　　　　班　组：不停电作业一班

2. 工作班成员（不包括工作负责人）

不停电作业一班：李四、王五、王二、王一、李某、王某、赵三

共 <u>7</u> 人

2.【工作班成员（不包括工作负责人）】
填写除工作负责人以外的所有参与现场工作的人员。

3. 工作任务

线路名称、设备双重名称	工作地点	工作内容及人员分工	监护人
10kV 云门 122 线	02 号杆	绝缘手套作业法带负荷 10kV 云门 122 线 02 号杆直线改耐张并加装柱上开关（隔离开关）。 斗内电工：王五、王二、李某、王某。 地面电工：王一、赵三	张三

3.【工作任务】
【线路名称、设备双重名称】统一为 10kV××线。
【工作地点】统一为××号杆。
【工作内容及人员分工】统一为绝缘手套（杆）作业法+作业方式+设备名称+作业项目；杆上（斗内）电工至少需要 2 名；地面电工至少需要 1 名。
【监护人】带电作业应有人监护。监护人不应直接操作，监护的范围不应超过一个作业点。

4. 计划工作时间

自 <u>2023</u> 年 <u>03</u> 月 <u>18</u> 日 <u>09</u> 时 <u>00</u> 分至 <u>2023</u> 年 <u>03</u> 月 <u>18</u> 日 <u>16</u> 时 <u>00</u> 分。

4.【计划工作时间】
填写计划检修起始时间和结束时间，该时间应在调度批准的检修时间段内。

5. 安全措施

5.1　调控或运维人员应采取的安全措施：

线路名称、设备双重名称	是否需要停用重合闸	作业点负荷侧需要停电的线路、设备	应装设的安全遮栏（围栏）和悬挂的标示牌
10kV 云门 122 线	是	无	无

5.【安全措施】
【线路名称、设备双重名称】统一为 10kV××线。
【是否需要停用重合闸】本项目需停用线路重合闸。
【作业点负荷侧需要停电的线路、设备】根据作业项目填写需要停电的线路、设备。对于多台配电变压器、专用变压器的停电措施应全部填写。
【应装设的安全遮栏（围栏）和悬挂的标示牌】根据停电的线路、设备填写是否需要悬挂的标示牌。

5.2　其他危险点预控措施和注意事项：

（1）带电作业应在天气良好条件下进行，作业前需进行风速和温湿度测量并记录。风力大于 5 级、湿度大于 80%不得进行带电作业，如遇雷电、雪、雹、雨、雾等不良天气，禁止带电作业。带电作业过程中若遇天气突然变化，有可能危及人身及设备安全时，应立即停止工作，撤离人员，恢复设备正常状况，或采取临时安全措施。

（2）在工作地点四周装设围栏（网），入口处悬挂"从此进入""在此工作"标示牌。作业时，封闭入口，并向外悬挂"止步，高压危险"标示牌。

（3）高空作业人员应穿戴好绝缘防护用具，全程正确使用安全带，应戴

护目镜。10kV 绝缘操作杆有效长度不得小于 0.7m，绝缘绳索类工具有效绝缘长度不小于 0.4m。工作前应检查绝缘工器具、绝缘防护用具合格、齐备，用 2500V 及以上绝缘电阻表进行检测，绝缘电阻 700MΩ 以上。

（4）作业前应使用验电器对线路和设备进行验电，确认无漏电现象。

（5）作业过程中，不论线路是否带电，都应始终认为线路有电。

（6）作业中人体应保持对地 10kV 大于 0.4m 的安全距离，如不能确保该安全距离时，应采取可靠的绝缘遮蔽措施，对作业中可能触及的其他带电体及无法满足安全距离的接地体（导线支承件、金属紧固件、横担、拉线等）应采取绝缘遮蔽措施。绝缘遮蔽用具之间的重叠部分不得小于 150mm。作业人员严禁同时接触不同电位，防止人体串入电路。

（7）绝缘臂有效长度不小于 1m，绝缘斗臂车金属部分对带电体安全距离不小于 0.9m，绝缘斗臂车接地连接要可靠。

（8）作业前需测量线路电流小于旁路系统额定电流。在进行三相导线开断前，应检查绝缘引流线连接可靠，测量分流正常，并应得到工作监护人的许可。

（9）在导线收紧后开断导线前，应加设防导线脱落的后备保护安全措施。

（10）三相导线的连接工作未完成前，绝缘引流线不得拆除。

（11）组装、拆除绝缘引流线以及紧线、开断导线应同相同步进行。

（12）使用斗臂车小吊起吊开关要注意吊臂角度，防止超载倾翻。

（13）如新装柱上开关带有取能用电压互感器时，电源侧应串接带有明显断开点的设备，防止带负荷接引，并应闭锁其自动跳闸的回路，开关操作后应闭锁其操作机构，防止误操作。

工作票签发人签名： 张一　　2023 年 03 月 17 日 13 时 14 分

工作票会签人签名： 王一　　2023 年 03 月 17 日 13 时 20 分

工作负责人签名： 张三　　2023 年 03 月 17 日 13 时 30 分

6. 工作许可

许可的线路、设备	许可方式	工作许可人	工作负责人签名	工作许可时间
10kV 云门 122 线 02 号杆	当面	李一	张三	2023 年 03 月 18 日 10 时 23 分

6.【工作许可】

【许可的线路、设备】 10kV××线××号杆。

【许可方式】 统一为：当面。

【工作许可人】 手工签名、不得漏签、代签。

【工作负责人签名】 手工签名、不得漏签、代签。

【工作许可时间】 统一为××××年××月××日××时××分。

7. 现场补充的安全措施

　　无。_____

8. 现场交底，工作班成员确认工作负责人布置的工作任务、人员分工、安全措施和注意事项并签名：

　　李四、王五、王二、王一、李某、王某、赵三_____

9. 2023 年 03 月 18 日 10 时 25 分工作负责人下令开始工作。

10. 人员变更

10.1　工作负责人变动情况：原工作负责人_____离去，变更_____为工作负责人。

工作票签发人：_____　　　_____年___月___日___时___分

原工作负责人签名确认：_____

新工作负责人签名确认：_____　　_____年___月___日___时___分

10.2　工作人员变动情况。

新增人员	姓名						
	变更时间						
	工作负责人签名						
离开人员	姓名						
	变更时间						
	工作负责人签名						

11. 工作票延期

　　有效期延长到_____年___月___日___时___分。

工作负责人签名：_____　　_____年___月___日___时___分

工作许可人签名：_____　　_____年___月___日___时___分

12. 工作终结

12.1　工作班人员已全部撤离现场，工具、材料已清理完毕，杆塔、设备上已无遗留物。

12.2　工作终结报告。

终结的线路或设备	报告方式	工作许可人	工作负责人签名	终结报告时间
10kV 云门 122 线 02 号杆	当面	李一	张三	2023 年 03 月 18 日 10 时 40 分
				年　月 日　时　分
				年　月 日　时　分
				年　月 日　时　分

13. 备注

风速：3 级；湿度：50%。

13.【备注】
风速不能大于 5 级，湿度不能大于 80%；相序和负荷电流情况，根据作业项目实际需要填写；如设置专责监护人，应填写指定的专责监护人监护的人员、地点及工作内容。

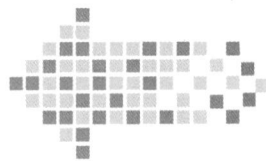

第5章 综合不停电作业项目

5.1 不停电更换柱上变压器

一、作业场景情况

（一）工作场景

综合不停电作业法不停电更换 10kV 云门 112 线 02 号杆"蔡家里"柱上变压器。

（二）工作任务

检查作业工器具：整理材料，对安全用具、绝缘工具进行检查，对绝缘工具应使用绝缘测试仪进行分段绝缘检测，绝缘电阻值不低于 700MΩ。查看绝缘臂、绝缘斗良好，调试斗臂车。

预展放旁路系统：展放高低压旁路电缆，对旁路电缆进行绝缘电阻检测，并与移动箱变车连接。

安装绝缘包裹：按照由近及远，从大到小，从低到高的原则，根据现场实际对作业中可能触及的其他带电体及无法满足安全距离的接地体（导线支承件、金属紧固件、横担、拉线等）应采取绝缘遮蔽措施。

安装旁路电缆并搭接：斗内电工按顺序挂接高、低压旁路电缆并搭接。

合上移动箱变车高低压开关：地面操作人员按顺序合上移动箱变车高低压开关，合低压开关前进行核相，满足同期条件后合闸，地面人员测流。

断开变压器高低压侧刀闸、跌落式熔断器：地面人员拉开高、低压侧刀闸、跌落式熔断器。

断开引线：斗内人员按照顺序断开高、低压侧引线。

更换变压器：地面人员更换变压器并检查是否符合并列运行条件。

恢复引线：斗内人员按照顺序搭接高、低压侧引线。

合上变压器高低压侧刀闸、跌落式熔断器：地面人员合上高、低压侧刀闸、跌落式熔断器。

断开移动箱变车高低压开关：地面操作人员按顺序断开移动箱变车高低压开关。

拆除旁路电缆：斗内电工按顺序拆除并放下高、低压旁路电缆，拆除绝缘遮蔽。

工作完成：工作完成后斗内电工按照"从远到近，从上到下、先接地体后带电体"拆除遮蔽原则拆除绝缘遮蔽隔离措施。绝缘斗退出带电作业工作区域，作业人员返回地面。

（三）票种选择

配电带电作业工作票。

（四）人员分工及安排

本次工作有 1 个作业地点，1 台绝缘斗臂车，1 台箱变车。本张工作票设置专责监护人 1 人，绝缘斗臂车作业人员 2 人，地面辅助人员 4 人。参与本次工作的共 8 人（含工作负责人），具体分工为：

张三（工作负责人兼任监护人）：负责工作的整体协调组织，合理安排作业人员分工。

李四（专责监护人）：负责监护斗内电工王五、王二在 10kV 云门 122 线 02 号杆小号侧进行作业。

王一、赵三、刘三、赵某（工作班成员）：负责地面辅助工作。

王五、王二（斗内电工）：负责斗内高空作业。

（五）场景接线图

综合不停电作业法不停电更换柱上变压器场景接线图见图 5-1。

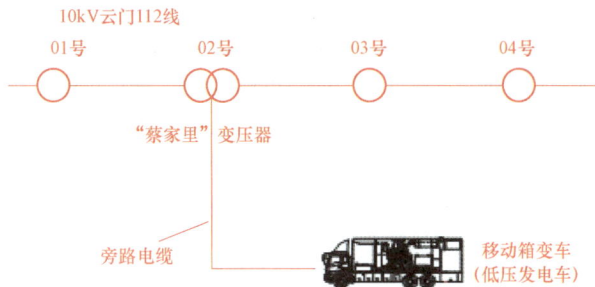

图 5-1　综合不停电作业法不停电更换柱上变压器场景接线图

二、工作票样例

配电带电作业工作票

单　位：××电力工程分公司　　　编　号：配 D20221156

1. 工作负责人： 张三　　　　**班　组：** 不停电作业一班

2. 工作班成员（不包括工作负责人）

不停电作业一班：李四、王五、王二、王一、刘三、赵三、赵某

共 7 人

3. 工作任务

线路名称、设备双重名称	工作地点	工作内容及人员分工	监护人
10kV 云门 112 线	02 号杆"蔡家里"变压器	综合不停电作业法不停电更换 10kV 云门 112 线 02 号杆"蔡家里"柱上变压器。 斗内电工：王五、王二。 地面电工：王一、赵三、刘三、赵某	张三

4. 计划工作时间

自 2023 年 03 月 18 日 09 时 00 分至 2023 年 03 月 18 日 16 时 00 分。

1.【班组】

对于包含工作负责人在内有两个及以上的班组人员共同进行的工作，应填写"综合班组"。

2.【工作班成员（不包括工作负责人）】

填写除工作负责人以外的所有参与现场工作的人员。

3.【工作任务】

【线路名称、设备双重名称】 统一为 10kV ××线。
【工作地点】 统一为××号杆。
【工作内容及人员分工】 统一为绝缘手套（杆）作业法+作业方式+设备名称+作业项目；杆上（斗内）电工至少需要 2 名；地面电工至少需要 1 名。
【监护人】 带电作业应有人监护。监护人不应直接操作，监护的范围不应超过一个作业点。

4.【计划工作时间】

填写计划检修起始时间和结束时间，该时间应在调度批准的检修时间段内。

5. 安全措施

5.1 调控或运维人员应采取的安全措施：

线路名称、设备双重名称	是否需要停用重合闸	作业点负荷侧需要停电的线路、设备	应装设的安全遮栏（围栏）和悬挂的标示牌
10kV 云门112 线	是	10kV 云门 112 线 02 号杆"蔡家里"变压器	在拉开的 02 号杆"蔡家里"变压器高压熔断器下方悬挂"禁止合闸，线路有人工作"标示牌

5.2 其他危险点预控措施和注意事项：

（1）带电作业应在天气良好条件下进行，作业前需进行风速和温湿度测量并记录。风力大于 5 级、湿度大于 80%不得进行带电作业，如遇雷电、雪、雹、雨、雾等不良天气，禁止带电作业。带电作业过程中若遇天气突然变化，有可能危及人身及设备安全时，应立即停止工作，撤离人员，恢复设备正常状况，或采取临时安全措施。

（2）在工作地点四周装设围栏（网），入口处悬挂"从此进入""在此工作"标示牌。作业时，封闭入口，并向外悬挂"止步，高压危险"标示牌。

（3）高空作业人员应穿戴好绝缘防护用具，全程正确使用安全带，10kV 绝缘操作杆有效长度不得小于 0.7m，绝缘绳索有效长度应大于 0.4m，工作前应检查安全工器具、绝缘防护用具合格、齐备，工作中应正确使用。用 2500V 及以上绝缘电阻表进行检测，绝缘电阻 700MΩ以上。

（4）作业前应使用验电器对线路和设备进行验电，确认无漏电现象。

（5）作业过程中，不论线路是否带电，都应始终认为线路有电。

（6）作业中，人体应保持对地不小于 0.4m；如不能确保该安全距离时，应采用绝缘遮蔽措施，遮蔽用具之间的重叠部分不得小于 150mm。作业人员严禁同时接触不同电位，防止人体串入电路。

（7）绝缘臂有效长度不小于 1m，绝缘斗臂车金属部分对带电体安全距离不小于 0.9m，绝缘斗臂车接地连接要可靠。

（8）作业前需测量线路电流小于旁路系统额定电流。

（9）敷设旁路电缆时，须由多名作业人员配合使旁路电缆离开地面整体敷设，防止旁路电缆与地面摩擦，且不得受力。

（10）连接旁路作设备前，应对各接口进行清洁和润滑，确认绝缘表面无污物、灰尘、水分、损伤。在插拔界面均匀涂润滑硅脂。

（11）敷设并连接好旁路设备后，应对整套旁路设备进行绝缘电阻检测，其绝缘电阻不应小于 500MΩ，旁路设备连接器外壳、旁路负荷开关应可靠接地。

（12）绝缘电阻检测完毕、拆除旁路设备前、拆除电缆终端后，均应逐相充分放电，用绝缘放电杆放电时，绝缘放电杆的接地应良好。

（13）绝缘斗臂车、发电车、移动储能车、移动箱变车应分别接地，接地电阻符合要求。

（14）带电、停电配合作业的项目，当带电、停电作业工序转换时，双方工作负责人应进行安全技术交接，确认无误后，方可开始工作。

（15）发电车、移动储能车、移动箱变车投运前应在旧变压器低压侧核对相序，新变压器投运前应核对低压侧相序。

（16）旁路系统运行期间，应派专人看守、巡视，防止行人、车辆碰触。

工作票签发人签名：张一　　2023 年 03 月 17 日 13 时 14 分

工作票会签人签名：王一　　2023 年 03 月 17 日 13 时 20 分

工作负责人签名：张三　　　2023 年 03 月 17 日 13 时 30 分

6. 工作许可

许可的线路、设备	许可方式	工作许可人	工作负责人签名	工作许可时间
10kV 云门 112 线 02 号杆"蔡家里"变压器	当面	李一	张三	2023 年 03 月 18 日 10 时 23 分

6.【工作许可】
【许可的线路、设备】10kV××线××号杆。
【许可方式】统一为：当面。
【工作许可人】手工签名、不得漏签、代签。
【工作负责人签名】手工签名、不得漏签、代签。
【工作许可时间】统一为××××年××月××日××时××分。

7. 现场补充的安全措施

无。

7.【现场补充的安全措施】
工作负责人及工作许可人可根据作业前现场实际情况补充相应的安全措施，如现场无需补充安全措施应填写"无"。

8. 现场交底，工作班成员确认工作负责人布置的工作任务、人员分工、安全措施和注意事项并签名：

李四、王五、王二、王一、刘三、赵三、赵某

8.【现场交底】
所有工作班成员在明确了工作负责人、专责监护人交代的工作任务、人员分工、安全措施和注意事项后，在工作负责人所持工作票上签名，不得代签。

9. <u>2023</u> 年 <u>03</u> 月 <u>18</u> 日 <u>10</u> 时 <u>25</u> 分工作负责人下令开始工作。

10. 人员变更

10.1　工作负责人变动情况：原工作负责人_____离去，变更_____为工作负责人。

工作票签发人：_____　　　　　　____年__月__日__时__分

原工作负责人签名确认：_____

新工作负责人签名确认：_____　　____年__月__日__时__分

10.2　工作人员变动情况。

新增人员	姓名					
	变更时间					
	工作负责人签名					
离开人员	姓名					
	变更时间					
	工作负责人签名					

11. 工作票延期

有效期延长到____年__月__日__时__分。

工作负责人签名：_____　　　　____年__月__日__时__分

工作许可人签名：_____　　　　____年__月__日__时__分

12. 工作终结

12.1　工作班人员已全部撤离现场，工具、材料已清理完毕，杆塔、设备上已无遗留物。

12.2　工作终结报告。

终结的线路或设备	报告方式	工作许可人	工作负责人签名	终结报告时间
10kV 云门 112 线 02 号杆	当面	李一	张三	2023 年 03 月 18 日 10 时 40 分

10.【人员变更】

包括工作负责人变动及工作人员变动，根据实际工作情况据实填写。

11.【工作票延期】

工作需延期，应在工作计划结束时间前由工作负责人向工作许可人提出申请，办理延期手续。对于需经调度许可的工作，工作许可人还应得到调度许可后，方可与工作负责人办理工作票延期手续。工作票只能延期一次。

续表

终结的线路或设备	报告方式	工作许可人	工作负责人签名	终结报告时间
				年　月 日　时　分
				年　月 日　时　分
				年　月 日　时　分

13. 备注

　　风速：3 级；湿度：50%。

13.【备注】

风速不能大于 5 级，湿度不能大于 80%；相序和负荷电流情况，根据作业项目实际需要填写；如设置专责监护人，应填写指定的专责监护人监护的人员、地点及工作内容。

5.2　旁路作业检修架空线路

一、作业场景情况

（一）工作场景

综合不停电作业法旁路作业检修 10kV 云门实训 112 线 03 号杆至 07 号杆之间架空线路。

（二）工作任务

　　检查作业工器具：整理材料，对安全用具、绝缘工具进行检查，对绝缘工具应使用绝缘测试仪进行分段绝缘检测，绝缘电阻值不低于 700MΩ。查看绝缘臂、绝缘斗良好，调试斗臂车，连接旁路电缆和旁路负荷开关并做导通试验和绝缘电阻实验。

　　测量电流：斗内电工操作绝缘斗臂车进入工作位置测量三相电流，并将测得的电流数值报告工作负责人确认。

　　安装绝缘包裹：按照由近及远，从大到小，从低到高的原则，根据现场实际对作业中可能触及的其他带电体及无法满足安全距离的接地体（导线支承件、金属紧固件、横担、拉线等）应采取绝缘遮蔽措施。

　　安装旁路电缆：斗内电工在 10kV 云门实训 112 线 03、07 号杆侧按照近、远、中的顺序，依次挂接旁路电缆并搭接。

　　合上旁路负荷开关并测流：地面电工合上负荷开关并测流。

　　检修架空线路：斗内人员断开 03、07 号杆耐张，施工人员检修架空线路，斗内人员搭接 03 号杆、07 号杆耐张并测流。

　　拆除旁路系统：地面电工断开旁路负荷开关，斗内电工拆除旁路电缆。

　　工作完成：工作完成后斗内电工按照"从远到近，从上到下、先接地体后带电体"拆除遮蔽原则拆除绝缘遮蔽隔离措施。绝缘斗退出带电作业工作区域，作业人员返回地面。

（三）票种选择

配电带电作业工作票。

（四）人员分工及安排

本次工作有 1 个作业地点，2 台绝缘斗臂车。本张工作票设置专责监护人 2 人，绝缘斗臂车作业人员 4 人，地面辅助人员 2 人（同时负责旁路开关操作和监护）。参与本次工作的共 9 人（含工作负责人），具体分工为：

张三（工作负责人兼任监护人）：负责工作的整体协调组织，合理安排作业人员分工。

李四（专责监护人）：负责监护 1 号车斗内电工王五、王二在 10kV 云门 112 线 03 号杆进行作业。

马五（专责监护人）：负责监护 2 号车斗内电工李某、王某在 10kV 云门 112 线 07 号杆进行作业。

王一、刘三（工作班成员）：负责地面辅助工作。

王五、王二、李某、王某（斗内电工）：负责斗内工作。

（五）场景接线图

综合不停电作业法旁路作业检修架空线路场景接线图见图 5-2。

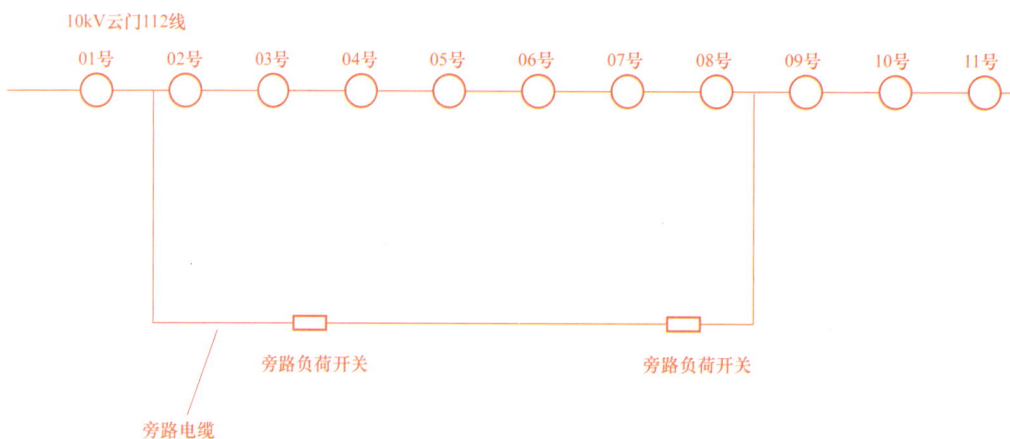

图 5-2　综合不停电作业法旁路作业检修架空线路场景接线图

二、工作票样例

配电带电作业工作票

单　位：××电力工程分公司　　编　号：配 D20221134

1. 工作负责人：张三　　　班　组：不停电作业一班

2. 工作班成员（不包括工作负责人）

不停电作业一班：李四、王五、王二、王一、刘三、李某、王某、马五

共 8 人

1.【班组】
对于包含工作负责人在内有两个及以上的班组人员共同进行的工作，应填写"综合班组"。

2.【工作班成员（不包括工作负责人）】
填写除工作负责人以外的所有参与现场工作的人员。

3. 工作任务

线路名称、设备双重名称	工作地点	工作内容及人员分工	监护人
10kV 云门 112 线	02 号杆至 08 号杆	综合不停电作业法旁路作业检修10kV 云门 112 线 03 号杆至 07 号杆之间架空线路。 斗内电工：王五、王二、李某、王某。 地面电工：王一、刘三	张三

4. 计划工作时间

自 <u>2023</u> 年 <u>03</u> 月 <u>18</u> 日 <u>09</u> 时 <u>00</u> 分至 <u>2023</u> 年 <u>03</u> 月 <u>18</u> 日 <u>16</u> 时 <u>00</u> 分。

5. 安全措施

5.1 调控或运维人员应采取的安全措施：

线路名称、设备双重名称	是否需要停用重合闸	作业点负荷侧需要停电的线路、设备	应装设的安全遮栏（围栏）和悬挂的标示牌
10kV 云门 112 线	是	无	无

5.2 其他危险点预控措施和注意事项：

（1）带电作业应在天气良好条件下进行，作业前需进行风速和温湿度测量并记录。风力大于 5 级、湿度大于 80%不得进行带电作业，如遇雷电、雪、雹、雨、雾等不良天气，禁止带电作业。带电作业过程中若遇天气突然变化，有可能危及人身及设备安全时，应立即停止工作，撤离人员，恢复设备正常状况，或采取临时安全措施。

（2）在工作地点四周装设围栏（网），入口处悬挂"从此进入""在此工作"标示牌。作业时，封闭入口，并向外悬挂"止步，高压危险"标示牌。

（3）高空作业人员应穿戴好绝缘防护用具，全程正确使用安全带，应戴护目镜。10kV 绝缘操作杆有效长度不得小于 0.7m，绝缘绳索类工具有效绝缘长度不小于 0.4m。工作前应检查绝缘工器具、绝缘防护用具合格、齐备，用 2500V 及以上绝缘电阻表进行检测，绝缘电阻 700MΩ 以上。

3.【工作任务】
【线路名称、设备双重名称】统一为 10kV××线。
【工作地点】统一为××号杆。
【工作内容及人员分工】统一为绝缘手套（杆）作业法+作业方式+设备名称+作业项目；杆上（斗内）电工至少需要 2 名；地面电工至少需要 1 名。
【监护人】带电作业应有人监护。监护人不应直接操作，监护的范围不应超过一个作业点。

4.【计划工作时间】
填写计划检修起始时间和结束时间，该时间应在调度批准的检修时间段内。

5.【安全措施】
【线路名称、设备双重名称】统一为 10kV××线。
【是否需要停用重合闸】本项目需停用线路重合闸。
【作业点负荷侧需要停电的线路、设备】根据作业项目填写需要停电的线路、设备。对于多台配电变压器、专用变压器的停电措施应全部填写。
【应装设的安全遮栏（围栏）和悬挂的标示牌】根据停电的线路、设备填写是否需要悬挂的标示牌。

（4）作业前应使用验电器对线路和设备进行验电，确认无漏电现象。

（5）作业过程中，不论线路是否带电，都应始终认为线路有电。

（6）作业中人体应保持对地 10kV 大于 0.4m 的安全距离，如不能确保该安全距离时，应采取可靠的绝缘遮蔽措施，对作业中可能触及的其他带电体及无法满足安全距离的接地体（导线支承件、金属紧固件、横担、拉线等）应采取绝缘遮蔽措施。绝缘遮蔽用具之间的重叠部分不得小于 150mm。作业人员严禁同时接触不同电位，防止人体串入电路。

（7）绝缘臂有效长度不小于 1m，绝缘斗臂车金属部分对带电体安全距离不小于 0.9m，绝缘斗臂车接地连接要可靠。

（8）待检修线路电流应小于旁路系统额定电流。

（9）敷设旁路电缆时，须由多名作业人员配合使旁路电缆离开地面整体敷设，防止旁路电缆与地面摩擦，且不得受力。

（10）连接旁路作设备前，应对各接口进行清洁和润滑，确认绝缘表面无污物、灰尘、水分、损伤。在插拔界面均匀涂润滑硅脂。

（11）敷设并连接好旁路设备后，应对整套旁路设备进行绝缘电阻检测，其绝缘电阻不应小于 500MΩ，旁路设备连接器外壳、旁路负荷开关应可靠接地。

（12）绝缘电阻检测完毕、拆除旁路设备前、拆除电缆终端后，均应逐相充分放电，用绝缘放电杆放电时，绝缘放电杆的接地应良好。

（13）旁路系统投入运行前应确认相位正确。

（14）带电、停电配合作业的项目，当带电、停电作业工序转换时，双方工作负责人应进行安全技术交接，确认无误后，方可开始工作。

（15）旁路系统运行期间，应派专人看守、巡视，防止行人、车辆碰触。

工作票签发人签名：<u>张一</u>　　<u>2023</u> 年 <u>03</u> 月 <u>17</u> 日 <u>13</u> 时 <u>14</u> 分

工作票会签人签名：<u>王一</u>　　<u>2023</u> 年 <u>03</u> 月 <u>17</u> 日 <u>13</u> 时 <u>20</u> 分

工作负责人签名：<u>张三</u>　　　<u>2023</u> 年 <u>03</u> 月 <u>17</u> 日 <u>13</u> 时 <u>30</u> 分

6. 工作许可

许可的线路、设备	许可方式	工作许可人	工作负责人签名	工作许可时间
10kV 云门 112 线 02 号杆至 08 号杆	当面	李一	张三	2023 年 03 月 18 日 10 时 23 分

6.【工作许可】
【许可的线路、设备】10kV××线××号杆。
【许可方式】统一为：当面。
【工作许可人】手工签名、不得漏签、代签。
【工作负责人签名】手工签名、不得漏签、代签。
【工作许可时间】统一为××××年××月××日××时××分。

续表

许可的线路、设备	许可方式	工作许可人	工作负责人签名	工作许可时间
				年　　月 日　时　分
				年　　月 日　时　分

7. 现场补充的安全措施

　　无。_____

8. 现场交底，工作班成员确认工作负责人布置的工作任务、人员分工、安全措施和注意事项并签名：

　　李四、王五、王二、王一、刘三、李某、王某、马某_____

9. _2023_ 年 _03_ 月 _18_ 日 _10_ 时 _25_ 分工作负责人下令开始工作。

10. 人员变更

10.1　工作负责人变动情况：原工作负责人_____离去，变更_____为工作负责人。

工作票签发人：_____　　　_____年__月__日__时__分

原工作负责人签名确认：_____

新工作负责人签名确认：_____　　　_____年__月__日__时__分

10.2　工作人员变动情况。

新增人员	姓名					
	变更时间					
	工作负责人签名					
离开人员	姓名					
	变更时间					
	工作负责人签名					

11. 工作票延期

有效期延长到＿＿＿年＿＿月＿＿日＿＿时＿＿分。

工作负责人签名：＿＿＿＿　　＿＿＿年＿＿月＿＿日＿＿时＿＿分

工作许可人签名：＿＿＿＿　　＿＿＿年＿＿月＿＿日＿＿时＿＿分

11.【工作票延期】

工作需延期，应在工作计划结束时间前由工作负责人向工作许可人提出申请，办理延期手续。对于需经调度许可的工作，工作许可人还应得到调度许可后，方可与工作负责人办理工作票延期手续。工作票只能延期一次。

12. 工作终结

12.1 工作班人员已全部撤离现场，工具、材料已清理完毕，杆塔、设备上已无遗留物。

12.2 工作终结报告。

终结的线路或设备	报告方式	工作许可人	工作负责人签名	终结报告时间
10kV 云门 112 线 02 号杆至 08 号杆	当面	李一	张三	2023 年 03 月 18 日 10 时 40 分
				年　月 日　时　分
				年　月 日　时　分
				年　月 日　时　分

13. 备注

风速：3 级；湿度：50%。＿＿＿＿＿＿＿＿＿＿＿＿＿＿＿＿

13.【备注】

风速不能大于 5 级，湿度不能大于 80%；相序和负荷电流情况，根据作业项目实际需要填写；如设置专责监护人，应填写指定的专责监护人监护的人员、地点及工作内容。

5.3　旁路作业检修电缆线路

一、作业场景情况

（一）工作场景

综合不停电作业法旁路作业检修 10kV 云门 112 线 02 号杆至 03 号杆之间电缆线路。

（二）工作任务

检查作业工器具：整理材料，对安全用具、绝缘工具进行检查，对绝缘工具应使用绝缘测试仪进行分段绝缘检测，绝缘电阻值不低于 700MΩ。查看绝缘臂、绝缘斗良好，调试斗臂车，连接旁路电缆和旁路负荷开关并做导通试验和绝缘电阻实验。

测量电流：斗内电工操作绝缘斗臂车进入工作位置测量三相电流，并将测得的电流数值报告工作负责人确认。

安装绝缘包裹：斗内电工在 10kV 云门 112 线 02 号杆和 03 号杆按照由近及远，从大到小，从低到高的原则，根据现场实际对作业中可能触及的其他带电体及无法满足安全距离的接地体（导线支承件、金属紧固件、横担、拉线等）应采取绝缘遮蔽措施。

安装旁路电缆：斗内电工在 10kV 云门 112 线 02 号杆和 03 号杆按照近、远、中的顺序，依次挂接旁路电缆并搭接。

合上旁路负荷开关并测流：地面电工核相后，合上负荷开关并测流。

检修电缆：斗内电工拆除电缆引线，地面电工检修 10kV 云门 112 线 02 号杆至 03 号杆之间电缆线路，完成后斗内电工恢复电缆引线并测流。

拆除旁路系统：地面电工断开旁路负荷开关，斗内电工拆除旁路电缆。

工作完成：工作完成后斗内电工按照"从远到近，从上到下、先接地体后带电体"拆除遮蔽原则拆除绝缘遮蔽隔离措施。绝缘斗退出带电作业工作区域，作业人员返回地面。

（三）票种选择

配电带电作业工作票。

（四）人员分工及安排

本次工作有 1 个作业地点，2 台绝缘斗臂车。本张工作票设置专责监护人 2 人，绝缘斗臂车作业人员 4 人，地面辅助人员 2 人（同时负责旁路开关操作和监护）。参与本次工作的共 9 人（含工作负责人），具体分工为：

张三（工作负责人兼任监护人）：负责工作的整体协调组织，合理安排作业人员分工。

李四（专责监护人）：负责监护 1 号车斗内电工王五、王二在 10kV 云门 122 线 02 号杆进行作业。

马五（专责监护人）：负责监护 2 号车斗内电工李某、王某在 10kV 云门 122 线 03 号杆进行作业。

王一、刘三（工作班成员）：负责地面辅助工作。

王五、王二、李某、王某（斗内电工）：负责斗内工作。

（五）场景接线图

综合不停电作业法旁路作业检修电缆线路场景接线图见图 5-3。

图 5-3　综合不停电作业法旁路作业检修电缆线路场景接线图

二、工作票样例

配电带电作业工作票

单　位：××电力工程分公司　　编　号：配 D20221134

1. 工作负责人：张三　　　　**班　组：**不停电作业一班

1.【班组】
对于包含工作负责人在内有两个及以上的班组人员共同进行的工作，应填写"综合班组"。

2. 工作班成员（不包括工作负责人）

不停电作业一班：李四、王五、王二、王一、刘三、李某、王某、马五

共 8 人

2.【工作班成员（不包括工作负责人）】
填写除工作负责人以外的所有参与现场工作的人员。

3. 工作任务

线路名称、设备双重名称	工作地点	工作内容及人员分工	监护人
10kV 云门 112 线	02 号杆至 03 号杆小号侧	综合不停电作业法旁路作业检修 10kV 云门 112 线 02 号杆至 03 号杆之间电缆线路。 斗内电工：王五、王二、李某、王某。 地面电工：王一、刘三	张三

3.【工作任务】
【线路名称、设备双重名称】统一为10kV××线。
【工作地点】统一为××号杆。
【工作内容及人员分工】统一为绝缘手套（杆）作业法+作业方式+设备名称+作业项目；杆上（斗内）电工至少需要 2 名；地面电工至少需要 1 名。
【监护人】带电作业应有人监护。监护人不应直接操作，监护的范围不应超过一个作业点。

4. 计划工作时间

自 2023 年 03 月 18 日 09 时 00 分至 2023 年 03 月 18 日 16 时 00 分。

4.【计划工作时间】
填写计划检修起始时间和结束时间，该时间应在调度批准的检修时间段内。

5. 安全措施

5.1　调控或运维人员应采取的安全措施：

线路名称、设备双重名称	是否需要停用重合闸	作业点负荷侧需要停电的线路、设备	应装设的安全遮栏（围栏）和悬挂的标示牌
10kV 云门 112 线	是	无	无

5.【安全措施】
【线路名称、设备双重名称】统一为10kV××线。
【是否需要停用重合闸】本项目一般不需停用线路重合闸。
【作业点负荷侧需要停电的线路、设备】根据作业项目填写需要停电的线路、设备。对于多台配电变压器、专用变压器的停电措施应全部填写。
【应装设的安全遮栏（围栏）和悬挂的标示牌】根据停电的线路、设备填写是否需要悬挂标示牌。

5.2　其他危险点预控措施和注意事项：

（1）带电作业应在天气良好条件下进行，作业前需进行风速和温湿度测量并记录。风力大于 5 级、湿度大于 80% 不得进行带电作业，如遇雷电、雪、雹、雨、雾等不良天气，禁止带电作业。带电作业过程中若遇天气突然变化，有可能危及人身及设备安全时，应立即停止工作，撤离人员，恢复设备正常状况，或采取临时安全措施。

（2）在工作地点四周装设围栏（网），入口处悬挂"从此进入""在此工作"标示牌。作业时，封闭入口，并向外悬挂"止步，高压危险"标示牌。

（3）高空作业人员应穿戴好绝缘防护用具，全程正确使用安全带，应戴护目镜。10kV 绝缘操作杆有效长度不得小于 0.7m，绝缘绳索类工具有效绝缘长度不小于 0.4m。工作前应检查绝缘工器具、绝缘防护用具合格、齐备，用 2500V 及以上绝缘电阻表进行检测，绝缘电阻 700MΩ 以上。

（4）作业前应使用验电器对线路和设备进行验电，确认无漏电现象。

（5）作业过程中，不论线路是否带电，都应始终认为线路有电。

（6）作业中人体应保持对地 10kV 大于 0.4m 的安全距离，如不能确保该安全距离时，应采取可靠的绝缘遮蔽措施，对作业中可能触及的其他带电体及无法满足安全距离的接地体（导线支承件、金属紧固件、横担、拉线等）应采取绝缘遮蔽措施。绝缘遮蔽用具之间的重叠部分不得小于 150mm。作业人员严禁同时接触不同电位，防止人体串入电路。

（7）绝缘臂有效长度不小于 1m，绝缘斗臂车金属部分对带电体安全距离不小于 0.9m，绝缘斗臂车接地连接要可靠。

（8）待检修电缆线路电流应小于旁路系统额定电流。

（9）带电断、接架空线路与空载电缆线路的连接引线应采取消弧措施，不得直接断、接。断电缆引线前应检查相序并做好标记。当空载电缆电容电流大于 0.1A 时，应使用消弧开关进行操作。

（10）带电接入架空线路与空载电缆线路的连接引线之前，应确认电缆线路试验合格，对侧电缆终端连接完好，接地已拆除，并与负荷设备断开。

（11）敷设旁路电缆时，须由多名作业人员配合使旁路电缆离开地面整体敷设，防止旁路电缆与地面摩擦，且不得受力。

（12）连接旁路作设备前，应对各接口进行清洁和润滑，确认绝缘表面无污物、灰尘、水分、损伤。在插拔界面均匀涂润滑硅脂。

（13）敷设并连接好旁路设备后，应对整套旁路设备进行绝缘电阻检

测，其绝缘电阻不应小于 500MΩ，旁路设备连接器外壳、旁路负荷开关

应可靠接地。

　　（14）绝缘电阻检测完毕、拆除旁路设备前、拆除电缆终端后，均应逐

相充分放电，用绝缘放电杆放电时，绝缘放电杆的接地应良好。

　　（15）旁路系统投入运行前应确认相序正确。

　　（16）带电、停电配合作业的项目，当带电、停电作业工序转换时，双

方工作负责人应进行安全技术交接，确认无误后，方可开始工作。

　　（17）旁路系统运行期间，应派专人看守、巡视，防止行人、车辆碰触。

工作票签发人签名：<u>张一</u>　　<u>2023</u> 年 <u>03</u> 月 <u>17</u> 日 <u>13</u> 时 <u>14</u> 分

工作票会签人签名：<u>王一</u>　　<u>2023</u> 年 <u>03</u> 月 <u>17</u> 日 <u>13</u> 时 <u>20</u> 分

工作负责人签名：<u>张三</u>　　<u>2023</u> 年 <u>03</u> 月 <u>17</u> 日 <u>13</u> 时 <u>30</u> 分

6. 工作许可

许可的线路、设备	许可方式	工作许可人	工作负责人签名	工作许可时间
10kV 云门 112 线 02 号杆至 03 号杆	当面	李一	张三	2023 年 03 月 18 日 10 时 23 分
				年　月 日　时　分
				年　月 日　时　分

6.【工作许可】
【许可的线路、设备】10kV××线××号杆。
【许可方式】统一为：当面。
【工作许可人】手工签名、不得漏签、代签。
【工作负责人签名】手工签名、不得漏签、代签。
【工作许可时间】统一为××××年××月××日××时××分。

7. 现场补充的安全措施

　　无。

7.【现场补充的安全措施】
工作负责人及工作许可人可根据作业前现场实际情况补充相应的安全措施，如现场无需补充安全措施应填写"无"。

8. 现场交底，工作班成员确认工作负责人布置的工作任务、人员分工、

安全措施和注意事项并签名：

　　<u>李四、王五、王二、王一、刘三、李某、王某、马五</u>

8.【现场交底】
所有工作班成员在明确了工作负责人、专责监护人交代的工作任务、人员分工、安全措施和注意事项后，在工作负责人所持工作票上签名，不得代签。

9. <u>2023</u> 年 <u>03</u> 月 <u>18</u> 日 <u>10</u> 时 <u>25</u> 分工作负责人下令开始工作。

10. 人员变更

10.1　工作负责人变动情况：原工作负责人＿＿＿＿离去，变更＿＿＿＿为工

10.【人员变更】
包括工作负责人变动及工作人员变动，根据实际工作情况据实填写。

作负责人。

工作票签发人：_____　　　____年__月__日__时___分

原工作负责人签名确认：_____

新工作负责人签名确认：_____　　　____年__月__日__时___分

10.2　工作人员变动情况。

新增 人员	姓名					
	变更时间					
	工作负责人签名					
离开 人员	姓名					
	变更时间					
	工作负责人签名					

11. 工作票延期

有效期延长到____年__月__日__时___分。

工作负责人签名：_____　　　____年__月__日__时___分

工作许可人签名：_____　　　____年__月__日__时___分

12. 工作终结

12.1　工作班人员已全部撤离现场，工具、材料已清理完毕，杆塔、设备上已无遗留物。

12.2　工作终结报告。

终结的线路或设备	报告方式	工作许可人	工作负责人签名	终结报告时间
10kV 云门 112 线 02 号杆至 03 号杆	当面	李一	张三	2023 年 03 月 18 日 10 时 40 分
				年　月 日　时　分
				年　月 日　时　分

11.【工作票延期】

工作需延期，应在工作计划结束时间前由工作负责人向工作许可人提出申请，办理延期手续。对于需经调度许可的工作，工作许可人还应得到调度许可后，方可与工作负责人办理工作票延期手续。工作票只能延期一次。

续表

终结的线路或设备	报告方式	工作许可人	工作负责人签名	终结报告时间
				年 月 日 时 分

13. 备注

<u>风速：3 级；湿度：50%。</u>

5.4 旁路作业检修环网箱

一、作业场景情况

（一）工作场景

综合不停电作业法旁路作业检修 2 号环网箱在 1 号环网柜至 3 号环网柜之间敷设旁路电缆。

（二）工作任务

检查作业工器具：整理材料，对安全用具、绝缘工具进行检查，对绝缘工具应使用绝缘测试仪进行分段绝缘检测，绝缘电阻值不低于 700MΩ。

预展放旁路系统：展放高压旁路电缆，对旁路电缆进行绝缘电阻检测，并与 1、3 号环网柜、移动环网柜连接。

合上环网柜高压开关：地面操作人员核相后，按顺序合上 1、3 号环网柜出线、进线开关，合上移动环网柜开关并测流。

断开 2 号环网柜高压开关：地面操作人员断开 2 号环网柜进线和出线开关。

检修 2 号环网箱：施工人员检修 2 号环网箱。

合上 2 号环网柜高压开关：地面操作人员合上 2 号环网柜进线和出线开关并测流。

拉开环网柜高压开关：地面操作人员按顺序拉开移动环网柜开关，1、3 号环网柜出线，进线开关。

工作完成：工作完成后拆除旁路系统。

（三）票种选择

配电带电作业工作票。

（四）人员分工及安排

本次工作有 1 个作业地点。本张工作票设置专责监护人 1 人，地面人员 6 人（同时负责旁路开关操作和监护）。参与本次工作的共 8 人（含工作负责人），具体分工为：

张三（工作负责人兼任监护人）：负责工作的整体协调组织，合理安排作业人员分工。

李四（专责监护人）：负责监护地面作业。

王五、王二、王一、刘三、李某、王某（工作班成员）：负责地面工作。

（五）场景接线图

综合不停电作业法旁路作业检修环网箱场景接线图见图 5-4。

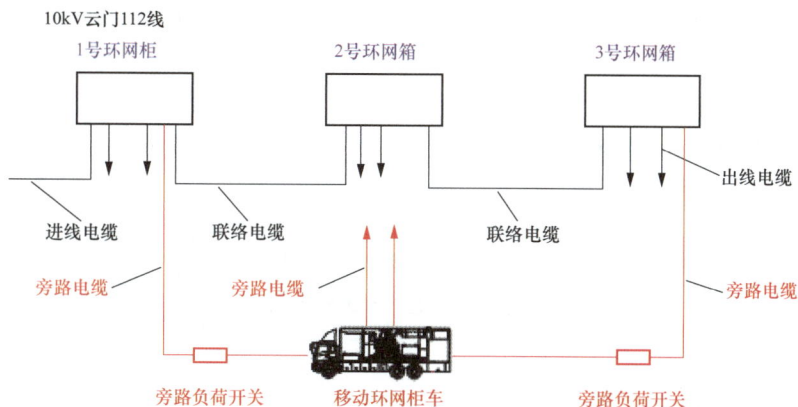

图 5-4　综合不停电作业法旁路作业检修环网箱场景接线图

二、工作票样例

配电带电作业工作票

单　位：××电力工程分公司　　编　号：配 D20221146

1. 工作负责人：张三　　　　班　组：不停电作业一班

2. 工作班成员（不包括工作负责人）

不停电作业一班：李四、王五、王二、王一、刘三、李某、王某

共　7　人

3. 工作任务

线路名称、设备双重名称	工作地点	工作内容及人员分工	监护人
10kV 云门 112 线	1 号环网柜至 3 号环网柜之间	综合不停电作业法旁路作业检修 2 号环网箱在 1 号环网柜至 3 号环网柜之间敷设旁路电缆。 地面电工：王五、王二、王一、刘三、李某、王某	张三

1.【班组】

对于包含工作负责人在内有两个及以上的班组人员共同进行的工作，应填写"综合班组"。

2.【工作班成员（不包括工作负责人）】

填写除工作负责人以外的所有参与现场工作的人员。

3.【工作任务】

【线路名称、设备双重名称】统一为 10kV××线。

【工作地点】统一为××号杆。

【工作内容及人员分工】统一为绝缘手套（杆）作业法+作业方式+设备名称+作业项目；杆上（斗内）电工至少需要 2 名；地面电工至少需要 1 名。

【监护人】带电作业应有人监护。监护人不应直接操作，监护的范围不应超过一个作业点。

4. 计划工作时间

自 <u>2023</u> 年 <u>03</u> 月 <u>18</u> 日 <u>09</u> 时 <u>00</u> 分至 <u>2023</u> 年 <u>03</u> 月 <u>18</u> 日 <u>16</u> 时 <u>00</u> 分。

5. 安全措施

5.1 调控或运维人员应采取的安全措施：

线路名称、设备双重名称	是否需要停用重合闸	作业点负荷侧需要停电的线路、设备	应装设的安全遮栏（围栏）和悬挂的标示牌
10kV 云门 112 线	是	无	无

5.2 其他危险点预控措施和注意事项：

（1）带电作业应在天气良好条件下进行，作业前需进行风速和温湿度测量并记录。风力大于 5 级、湿度大于 80%不得进行带电作业，如遇雷电、雪、雹、雨、雾等不良天气，禁止带电作业。带电作业过程中若遇天气突然变化，有可能危及人身及设备安全时，应立即停止工作，撤离人员，恢复设备正常状况，或采取临时安全措施。

（2）在工作地点四周装设围栏（网），入口处悬挂"从此进入""在此工作"标示牌。作业时，封闭入口，并向外悬挂"止步，高压危险"标示牌。

（3）作业人员应穿戴好绝缘防护用具，10kV 绝缘操作杆有效长度不得小于 0.7m，绝缘绳索类工具有效绝缘长度不小于 0.4m。工作前应检查绝缘工器具、绝缘防护用具合格、齐备，用 2500V 及以上绝缘电阻表进行检测，绝缘电阻 700MΩ 以上。

（4）作业前需测量线路电流小于旁路系统额定电流。

（5）敷设旁路电缆时，须由多名作业人员配合使旁路电缆离开地面整体敷设，防止旁路电缆与地面摩擦，且不得受力。

（6）连接旁路作设备前，应对各接口进行清洁和润滑，确认绝缘表面无污物、灰尘、水分、损伤。在插拔界面均匀涂润滑硅脂。

（7）敷设并连接好旁路设备后，应对整套旁路设备进行绝缘电阻检测，其绝缘电阻不应小于 500MΩ，旁路设备连接器外壳、旁路负荷开关应可靠接地。旁路电缆接入环网柜时设备相序应与电缆相色一致。

（8）绝缘电阻检测完毕、拆除旁路设备前、拆除电缆终端后，均应逐相充分放电，用绝缘放电杆放电时，绝缘放电杆的接地应良好。

4.【计划工作时间】
填写计划检修起始时间和结束时间，该时间应在调度批准的检修时间段内。

5.【安全措施】
【线路名称、设备双重名称】统一为10kV××线。
【是否需要停用重合闸】本项目一般不需停用线路重合闸。
【作业点负荷侧需要停电的线路、设备】根据作业项目填写需要停电的线路、设备。对于多台配电变压器、专用变压器的停电措施应全部填写。
【应装设的安全遮栏（围栏）和悬挂的标示牌】根据停电的线路、设备填写是否需要悬挂的标示牌。

（9）带电、停电配合作业的项目，当带电、停电作业工序转换时，双方工作负责人应进行安全技术交接，确认无误后，方可开始工作。

（10）环网箱、投运前应核对相序。

（11）旁路系统运行期间，应派专人看守、巡视，防止行人、车辆碰触。

工作票签发人签名：<u>张一</u>　<u>2023</u> 年 <u>03</u> 月 <u>17</u> 日 <u>13</u> 时 <u>14</u> 分

工作票会签人签名：<u>王一</u>　<u>2023</u> 年 <u>03</u> 月 <u>17</u> 日 <u>13</u> 时 <u>20</u> 分

工作负责人签名：<u>张三</u>　<u>2023</u> 年 <u>03</u> 月 <u>17</u> 日 <u>13</u> 时 <u>30</u> 分

6. 工作许可

许可的线路、设备	许可方式	工作许可人	工作负责人签名	工作许可时间
10kV 云门 112 线 1 号环网柜至 3 号环网柜之间	当面	李一	张三	2023 年 03 月 18 日 10 时 23 分
				年　月日　时　分
				年　月日　时　分

> **6.【工作许可】**
> 【许可的线路、设备】10kV××线××号杆。
> 【许可方式】统一为：当面。
> 【工作许可人】手工签名、不得漏签、代签。
> 【工作负责人签名】手工签名、不得漏签、代签。
> 【工作许可时间】统一为××××年××月×× ××时××分。

7. 现场补充的安全措施

无。

> **7.【现场补充的安全措施】**
> 工作负责人及工作许可人可根据作业前现场实际情况补充相应的安全措施，如现场无需补充安全措施应填写"无"。

8. 现场交底，工作班成员确认工作负责人布置的工作任务、人员分工、安全措施和注意事项并签名：

<u>李四、王五、王二、王一、刘三、李某、王某</u>

> **8.【现场交底】**
> 所有工作班成员在明确了工作负责人、专责监护人交代的工作任务、人员分工、安全措施和注意事项后，在工作负责人所持工作票上签名，不得代签。

9. <u>2023</u> 年 <u>03</u> 月 <u>18</u> 日 <u>10</u> 时 <u>25</u> 分工作负责人下令开始工作。

10. 人员变更

10.1　工作负责人变动情况：原工作负责人_____离去，变更_____为工作负责人。

工作票签发人：_____　　　_____年___月___日___时___分

原工作负责人签名确认：_____

> **10.【人员变更】**
> 包括工作负责人变动及工作人员变动，根据实际工作情况据实填写。

新工作负责人签名确认：＿＿＿＿＿   ＿＿＿年＿＿月＿＿日＿＿时＿＿分

10.2　工作人员变动情况。

新增人员	姓名					
	变更时间					
	工作负责人签名					
离开人员	姓名					
	变更时间					
	工作负责人签名					

11. 工作票延期

有效期延长到＿＿＿＿年＿＿月＿＿日＿＿时＿＿分。

工作负责人签名：＿＿＿＿＿   ＿＿＿年＿＿月＿＿日＿＿时＿＿分

工作许可人签名：＿＿＿＿＿   ＿＿＿年＿＿月＿＿日＿＿时＿＿分

11.【工作票延期】
工作需延期，应在工作计划结束时间前由工作负责人向工作许可人提出申请，办理延期手续。对于需经调度许可的工作，工作许可人还应得到调度许可后，方可与工作负责人办理工作票延期手续。工作票只能延期一次。

12. 工作终结

12.1　工作班人员已全部撤离现场，工具、材料已清理完毕，杆塔、设备上已无遗留物。

12.2　工作终结报告。

终结的线路或设备	报告方式	工作许可人	工作负责人签名	终结报告时间
10kV 云门 112 线 1 号环网柜至 3 号环网柜之间	当面	李一	张三	2023 年 03 月 18 日 10 时 40 分
				年　月　日　时　分
				年　月　日　时　分
				年　月　日　时　分

13. 备注

风速：3 级；湿度：50%，待检修环网柜三相相序：正常，三相电流：11、12、13。

13.【备注】
风速不能大于 5 级，湿度不能大于 80%；相序和负荷电流情况，根据作业项目实际需要填写；如设置专责监护人，应填写指定的专责监护人监护的人员、地点及工作内容。

5.5　从环网箱临时取电给环网箱、移动箱式变电站供电

一、作业场景情况

（一）工作场景

综合不停电作业法在 10kV 云门 112 线 1 号环网柜 F214 间隔取电至环网箱（移动箱式变电站，简称移动箱变）。

（二）工作任务

检查作业工器具：整理材料，对安全用具、绝缘工具进行检查，对绝缘工具应使用绝缘测试仪进行分段绝缘检测，绝缘电阻值不低于 700MΩ。

预展放旁路系统：展放高压旁路电缆，对旁路电缆进行绝缘电阻检测，并与移动箱变车、环网柜连接。

合上环网柜、移动箱变车高压开关：地面操作人员按顺序合上环网柜、移动箱变车高压开关并测流。

合上移动箱变车低压开关：地面操作人员按顺序合上移动箱变车低压开关。

拉开移动箱变车低压开关：地面操作人员按顺序拉开移动箱变车低压开关。

拉开环网柜、移动箱变车高压开关：地面操作人员按顺序拉开环网柜、移动箱变车高压开关并测流。

工作完成：工作完成后拆除旁路系统。

（三）票种选择

配电带电作业工作票。

（四）人员分工及安排

本次工作有 1 个作业地点，1 台箱变车。本张工作票设置专责监护人 1 人，地面人员 5 人（同时负责旁路操作和监护）。参与本次工作的共 7 人（含工作负责人），具体分工为：

张三（工作负责人兼任监护人）：负责工作的整体协调组织，合理安排作业人员分工。

李四（专责监护人）：负责监护地面操作。

王一、王五、王二、刘三、李某（工作班成员）：负责地面倒闸操作等工作。

（五）场景接线图

综合不停电作业法从环网箱临时取电给环网箱（移动箱变）供电场景接线图见图 5-5。

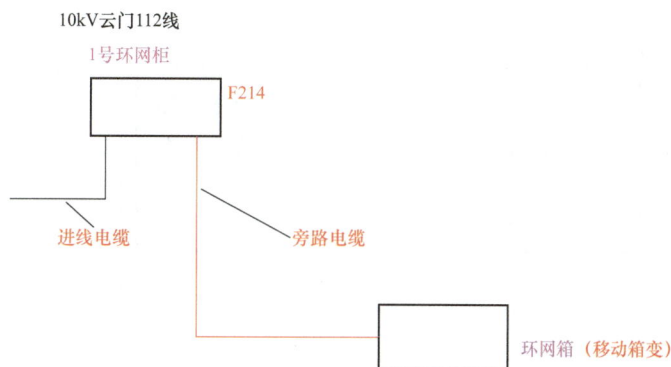

图 5-5　综合不停电作业法从环网箱临时取电给环网箱（移动箱变）供电场景接线图

二、工作票样例

配电带电作业工作票

单　位：××电力工程分公司　　　编　号：配 D20221156

1. 工作负责人： 张三　　　　　班　组：不停电作业一班

2. 工作班成员（不包括工作负责人）

不停电作业一班：李四、王五、王二、王一、刘三、李某

共 6 人

3. 工作任务

线路名称、设备双重名称	工作地点	工作内容及人员分工	监护人
10kV 云门 112 线	1 号环网柜 F214 间隔至环网箱（移动箱变）之间	综合不停电作业法在 10kV 云门 112 线 1 号环网柜 F214 间隔取电至环网箱（移动箱变）。 地面电工：王一、王五、王二、刘三、李某	张三

4. 计划工作时间

自 2023 年 03 月 18 日 09 时 00 分至 2023 年 03 月 18 日 16 时 00 分。

5. 安全措施

5.1　调控或运维人员应采取的安全措施：

线路名称、设备双重名称	是否需要停用重合闸	作业点负荷侧需要停电的线路、设备	应装设的安全遮栏（围栏）和悬挂的标示牌
10kV 云门 112 线	是	无	无

右栏注释：

1.【班组】
对于包含工作负责人在内有两个及以上的班组人员共同进行的工作，应填写"综合班组"。

2.【工作班成员（不包括工作负责人）】
填写除工作负责人以外的所有参与现场工作的人员。

3.【工作任务】
【线路名称、设备双重名称】统一为 10kV××线。
【工作地点】统一为××号杆。
【工作内容及人员分工】统一为绝缘手套（杆）作业法+作业方式+设备名称+作业项目；杆上（斗内）电工至少需要 2 名；地面电工至少需要 1 名。
【监护人】带电作业应有人监护。监护人不应直接操作，监护的范围不应超过一个作业点。

4.【计划工作时间】
填写计划检修起始时间和结束时间，该时间应在调度批准的检修时间段内。

5.【安全措施】
【线路名称、设备双重名称】统一为 10kV××线。
【是否需要停用重合闸】本项目一般不需停用线路重合闸。
【作业点负荷侧需要停电的线路、设备】根据作业项目填写需要停电的线路、设备。对于多台配电变压器、专用变压器的停电措施应全部填写。
【应装设的安全遮栏（围栏）和悬挂的标示牌】根据停电的线路、设备填写是否需要悬挂的标示牌。

5.2 其他危险点预控措施和注意事项：

（1）带电作业应在天气良好条件下进行，作业前需进行风速和温湿度测量并记录。风力大于5级、湿度大于80%不得进行带电作业，如遇雷电、雪、雹、雨、雾等不良天气，禁止带电作业。带电作业过程中若遇天气突然变化，有可能危及人身及设备安全时，应立即停止工作，撤离人员，恢复设备正常状况，或采取临时安全措施。

（2）在工作地点四周装设围栏（网），入口处悬挂"从此进入""在此工作"标示牌。作业时，封闭入口，并向外悬挂"止步，高压危险"标示牌。

（3）作业人员应穿戴好绝缘防护用具，10kV绝缘操作杆有效长度不得小于0.7m，绝缘绳索类工具有效绝缘长度不小于0.4m。工作前应检查绝缘工器具、绝缘防护用具合格、齐备，用2500V及以上绝缘电阻表进行检测，绝缘电阻700MΩ以上。

（4）敷设旁路电缆时，须由多名作业人员配合使旁路电缆离开地面整体敷设，防止旁路电缆与地面摩擦，且不得受力。

（5）连接旁路作设备前，应对各接口进行清洁和润滑，确认绝缘表面无污物、灰尘、水分、损伤。在插拔界面均匀涂润滑硅脂。

（6）敷设并连接好旁路设备后，应对整套旁路设备进行绝缘电阻检测，其绝缘电阻不应小于500MΩ，旁路设备连接器外壳、旁路负荷开关应可靠接地。旁路电缆接入环网柜时设备相序应与电缆相色一致。

（7）绝缘电阻检测完毕、拆除Ω旁路设备前、拆除电缆终端后，均应逐相充分放电，用绝缘放电杆放电时，绝缘放电杆的接地应良好。

（8）环网箱、移动箱变车应分别接地，接地电阻符合要求。

（9）带电、停电配合作业的项目，当带电、停电作业工序转换时，双方工作负责人应进行安全技术交接，确认无误后，方可开始工作。

（10）环网箱、移动箱变车投运前应核对相序。

（11）旁路系统运行期间，应派专人看守、巡视，防止行人、车辆碰触。

工作票签发人签名： 张一　　2023 年 03 月 17 日 14 时 30 分

工作票会签人签名： 王一　　2023 年 03 月 17 日 14 时 40 分

工作负责人签名： 张三　　2023 年 03 月 17 日 14 时 50 分

6. 工作许可

许可的线路、设备	许可方式	工作许可人	工作负责人签名	工作许可时间
10kV 云门 112 线 1 号环网柜 F214 间隔	当面	李一	张三	2023 年 03 月 18 日 10 时 23 分
				年　月　日　时　分
				年　月　日　时　分

7. 现场补充的安全措施

无。

8. 现场交底，工作班成员确认工作负责人布置的工作任务、人员分工、安全措施和注意事项并签名：

李四、王五、王二、王一、刘三、李某

9. 2023 年 03 月 18 日 10 时 25 分工作负责人下令开始工作。

10. 人员变更

10.1 工作负责人变动情况：原工作负责人_____离去，变更_____为工作负责人。

工作票签发人：_____　　　_____年__月__日__时__分

原工作负责人签名确认：_____

新工作负责人签名确认：_____　　　_____年__月__日__时__分

10.2 工作人员变动情况。

新增人员	姓名				
	变更时间				
	工作负责人签名				
离开人员	姓名				
	变更时间				
	工作负责人签名				

6.【工作许可】
【许可的线路、设备】10kV××线××号杆。
【许可方式】统一为：当面。
【工作许可人】手工签名、不得漏签、代签。
【工作负责人签名】手工签名、不得漏签、代签。
【工作许可时间】统一为××××年××月××日××时××分。

7.【现场补充的安全措施】
工作负责人及工作许可人可根据作业前现场实际情况补充相应的安全措施，如现场无需补充安全措施应填写"无"。

8.【现场交底】
所有工作班成员在明确了工作负责人、专责监护人交代的工作任务、人员分工、安全措施和注意事项后，在工作负责人所持工作票上签名，不得代签。

10.【人员变更】
包括工作负责人变动及工作人员变动，根据实际工作情况据实填写。

11. 工作票延期

有效期延长到＿＿年＿月＿日＿时＿分。

工作负责人签名：＿＿＿＿　＿＿＿年＿月＿日＿时＿分

工作许可人签名：＿＿＿＿　＿＿＿年＿月＿日＿时＿分

12. 工作终结

12.1 工作班人员已全部撤离现场，工具、材料已清理完毕，杆塔、设备上已无遗留物。

12.2 工作终结报告。

终结的线路或设备	报告方式	工作许可人	工作负责人签名	终结报告时间
10kV 实训 112 线 1 号环网柜 F214 间隔	当面	李一	张三	2023 年 03 月 18 日 10 时 40 分
				年　月　日　时　分
				年　月　日　时　分
				年　月　日　时　分

13. 备注

风速：3 级；湿度：50%，根据现场情况检测三相负荷电流。

5.6 从架空线路临时取电给环网箱、移动箱式变电站供电

一、作业场景情况

（一）工作场景

综合不停电作业法在 10kV 云门 112 线 02 号杆大号侧取电至环网箱（移动箱变）。

（二）工作任务

检查作业工器具：整理材料，对安全用具、绝缘工具进行检查，对绝缘工具应使用绝缘测试仪进行分段绝缘检测，绝缘电阻值不低于 700MΩ。查看绝缘臂、绝缘斗良好，调试斗臂车。

预展放旁路系统：展放高低压旁路电缆，对旁路电缆进行绝缘电阻检测，并与移动箱变车连接。

安装绝缘包裹：按照由近及远，从大到小，从低到高的原则，根据现场实际对作业中可能触及的其他带电体及无法满足安全距离的接地体（导线支承件、金属紧固件、横担、拉线等）应采取绝缘遮蔽措施。

安装旁路电缆并搭接：斗内电工按顺序在 10kV 云门 112 线 02 号杆大号侧挂接高压旁路电缆并搭接。

合上移动箱变车高低压开关：地面操作人员按顺序合上移动箱变车高低压开关，合低压开关前进行核相。

断开移动箱变车高低压开关：地面操作人员按顺序断开移动箱变车高低压开关。

拆除旁路电缆：斗内电工按顺序拆除高压旁路电缆。

工作完成：工作完成后斗内电工按照"从远到近，从上到下、先接地体后带电体"拆除遮蔽原则拆除绝缘遮蔽隔离措施。绝缘斗退出带电作业工作区域，作业人员返回地面。

（三）票种选择

配电带电作业工作票。

（四）人员分工及安排

本次工作有 1 个作业地点，1 台绝缘斗臂车，1 台箱变车。本张工作票设置专责监护人 1 人，绝缘斗臂车作业人员 2 人，地面辅助人员 2 人（同时负责旁路操作和监护）。参与本次工作的共 6 人（含工作负责人），具体分工为：

张三（工作负责人兼任监护人）：负责工作的整体协调组织，合理安排作业人员分工。

李四（专责监护人）：负责监护斗内电工王五、王二在 10kV 云门 122 线 02 号杆大号侧进行作业。

王一、刘三、李某（工作班成员）：负责地面辅助工作。

王五、王二（斗内电工）：负责斗内高空作业。

（五）场景接线图

综合不停电作业法从架空线路临时取电给环网箱（移动箱变车）供电场景接线图见图 5-6。

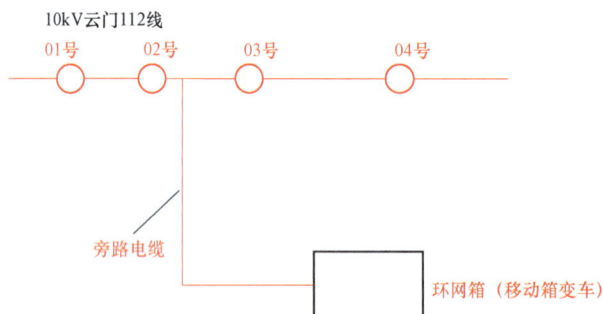

图 5-6　综合不停电作业法从架空线路临时取电给环网箱（移动箱变车）供电场景接线图

二、工作票样例

配电带电作业工作票

单　位：××电力工程分公司　　编　号：配 D20221145

1. 工作负责人：张三　　　　班　组：不停电作业一班

1.【班组】

对于包含工作负责人在内有两个及以上的班组人员共同进行的工作，应填写"综合班组"。

2. 工作班成员（不包括工作负责人）

不停电作业一班：李四、王五、王二、王一、刘三、李某

共 6 人

2.【工作班成员（不包括工作负责人）】
填写除工作负责人以外的所有参与现场工作的人员。

3. 工作任务

线路名称、设备双重名称	工作地点	工作内容及人员分工	监护人
10kV 云门 112 线	02 号杆大号侧至环网箱（移动箱变）之间	综合不停电作业法在 10kV 云门 112 线 02 号杆大号侧取电至环网箱（移动箱变）。 斗内电工：王五、王二。 地面电工：王一、刘三、李某	张三

3.【工作任务】
【线路名称、设备双重名称】统一为 10kV××线。
【工作地点】统一为××号杆。
【工作内容及人员分工】统一为绝缘手套（杆）作业法+作业方式+设备名称+作业项目；杆上（斗内）电工至少要 2 名；地面电工至少需要 1 名。
【监护人】带电作业应有人监护。监护人不应直接操作，监护的范围不应超过一个作业点。

4. 计划工作时间

自 2023 年 03 月 18 日 09 时 00 分至 2023 年 03 月 18 日 16 时 00 分。

4.【计划工作时间】
填写计划检修起始时间和结束时间，该时间应在调度批准的检修时间段内。

5. 安全措施

5.1 调控或运维人员应采取的安全措施：

线路名称、设备双重名称	是否需要停用重合闸	作业点负荷侧需要停电的线路、设备	应装设的安全遮栏（围栏）和悬挂的标示牌
10kV 云门 112 线	是	无	无

5.【安全措施】
【线路名称、设备双重名称】统一为 10kV××线。
【是否需要停用重合闸】本项目需停用线路重合闸。
【作业点负荷侧需要停电的线路、设备】根据作业项目填写需要停电的线路、设备。对于多台配电变压器、专用变压器的停电措施应全部填写。
【应装设的安全遮栏（围栏）和悬挂的标示牌】根据停电的线路、设备填写是否需要悬挂的标示牌。

5.2 其他危险点预控措施和注意事项：

（1）带电作业应在天气良好条件下进行，作业前需进行风速和温湿度测量并记录。风力大于 5 级、湿度大于 80%不得进行带电作业，如遇雷电、雪、雹、雨、雾等不良天气，禁止带电作业。带电作业过程中若遇天气突然变化，有可能危及人身及设备安全时，应立即停止工作，撤离人员，恢复设备正常状况，或采取临时安全措施。

（2）在工作地点四周装设围栏（网），入口处悬挂"从此进入""在此工作"标示牌。作业时，封闭入口，并向外悬挂"止步，高压危险"标示牌。

（3）高空作业人员应穿戴好绝缘防护用具，全程正确使用安全带，应戴

护目镜。10kV 绝缘操作杆有效长度不得小于 0.7m，绝缘绳索类工具有效绝缘长度不小于 0.4m。工作前应检查绝缘工器具、绝缘防护用具合格、齐备，用 2500V 及以上绝缘电阻表进行检测，绝缘电阻 700MΩ 以上。

（4）作业前应使用验电器对线路和设备进行验电，确认无漏电现象。

（5）作业过程中，不论线路是否带电，都应始终认为线路有电。

（6）作业中人体应保持对地 10kV 大于 0.4m 的安全距离，如不能确保该安全距离时，应采取可靠的绝缘遮蔽措施，对作业中可能触及的其他带电体及无法满足安全距离的接地体（导线支承件、金属紧固件、横担、拉线等）应采取绝缘遮蔽措施。绝缘遮蔽用具之间的重叠部分不得小于 150mm。作业人员严禁同时接触不同电位，防止人体串入电路。

（7）绝缘臂有效长度不小于 1m，绝缘斗臂车金属部分对带电体安全距离不小于 0.9m，绝缘斗臂车接地连接要可靠。

（8）敷设旁路电缆时，须由多名作业人员配合使旁路电缆离开地面整体敷设，防止旁路电缆与地面摩擦，且不得受力。

（9）连接旁路作设备前，应对各接口进行清洁和润滑，确认绝缘表面无污物、灰尘、水分、损伤。在插拔界面均匀涂润滑硅脂。

（10）敷设并连接好旁路设备后，应对整套旁路设备进行绝缘电阻检测，其绝缘电阻不应小于 500MΩ，旁路设备连接器外壳、旁路负荷开关应可靠接地，旁路电缆接入架空线时设备相序应与电缆相色一致。

（11）绝缘电阻检测完毕、拆除旁路设备前、拆除电缆终端后，均应逐相充分放电，用绝缘放电杆放电时，绝缘放电杆的接地应良好。

（12）绝缘斗臂车、环网箱、移动箱变车应分别接地，接地电阻符合要求。

（13）带电、停电配合作业的项目，当带电、停电作业工序转换时，双方工作负责人应进行安全技术交接，确认无误后，方可开始工作。

（14）环网箱、移动箱变车投运前应核对相序。

（15）旁路系统运行期间，应派专人看守、巡视，防止行人、车辆碰触。

工作票签发人签名：张一　　2023 年 03 月 17 日 13 时 14 分

工作票会签人签名：王一　　2023 年 03 月 17 日 13 时 20 分

工作负责人签名：张三　　2023 年 03 月 17 日 13 时 30 分

6. 工作许可

许可的线路、设备	许可方式	工作许可人	工作负责人签名	工作许可时间
10kV 云门线 112 线 02 号杆	当面	李一	张三	2023 年 03 月 18 日 10 时 23 分
				年　月　日　时　分
				年　月　日　时　分

7. 现场补充的安全措施

无。_____

8. 现场交底，工作班成员确认工作负责人布置的工作任务、人员分工、安全措施和注意事项并签名：

李四、王五、王二、王一、刘三、李某

9. <u>2023</u> 年 <u>03</u> 月 <u>18</u> 日 <u>10</u> 时 <u>25</u> 分工作负责人下令开始工作。

10. 人员变更

10.1 工作负责人变动情况：原工作负责人_____离去，变更_____为工作负责人。

工作票签发人：_____　　_____年___月___日___时___分

原工作负责人签名确认：_____

新工作负责人签名确认：_____　　_____年___月___日___时___分

10.2 工作人员变动情况。

新增人员	姓名						
	变更时间						
	工作负责人签名						
离开人员	姓名						
	变更时间						
	工作负责人签名						

6.【工作许可】
【许可的线路、设备】10kV××线××号杆。
【许可方式】统一为：当面。
【工作许可人】手工签名、不得漏签、代签。
【工作负责人签名】手工签名、不得漏签、代签。
【工作许可时间】统一为××××年××月××日××时××分。

7.【现场补充的安全措施】
工作负责人及工作许可人可根据作业前现场实际情况补充相应的安全措施，如现场无需补充安全措施应填写"无"。

8.【现场交底】
所有工作班成员在明确了工作负责人、专责监护人交代的工作任务、人员分工、安全措施和注意事项后，在工作负责人所持工作票上签名，不得代签。

10.【人员变更】
包括工作负责人变动及工作人员变动，根据实际工作情况据实填写。

11. 工作票延期

有效期延长到____年__月__日__时___分。

工作负责人签名：_____　　　____年__月__日__时___分

工作许可人签名：_____　　　____年__月__日__时___分

11.【工作票延期】
工作需延期，应在工作计划结束时间前由工作负责人向工作许可人提出申请，办理延期手续。对于需经调度许可的工作，工作许可人还应得到调度许可后，方可与工作负责人办理工作票延期手续。工作票只能延期一次。

12. 工作终结

12.1　工作班人员已全部撤离现场，工具、材料已清理完毕，杆塔、设备上已无遗留物。

12.2　工作终结报告。

终结的线路或设备	报告方式	工作许可人	工作负责人签名	终结报告时间
10kV 云门线 112 线 02 号杆	当面	李一	张三	2023 年 03 月 18 日 10 时 40 分
				年　月 日　时　分
				年　月 日　时　分
				年　月 日　时　分

13. 备注

风速：3 级；湿度：50%，根据现场情况检测三相负荷电流。

13.【备注】
风速不能大于 5 级，湿度不能大于 80%；相序和负荷电流情况，根据作业项目实际需要填写；如设置专责监护人，应填写指定的专责监护人监护的人员、地点及工作内容。